ARM 嵌入式系统——基于 ADS1.2 及 Proteus 仿真

主 编　邓 力　杨 佳

副主编　钟国文　梁广瑞　谭 莉

北京理工大学出版社

BEIJING INSTITUTE OF TECHNOLOGY PRESS

内 容 简 介

　　《ARM 嵌入式系统》利用学生学过单片机课程的条件，将 LPC2106 系列首先当成高级单片机来使用，使学生对嵌入式知识的学习有更好的连贯性；将 μC/OS－Ⅱ 的内核源代码作为教学案例，讲解嵌入式操作系统内核的实现机制和原理，同时将前面 LPC2000 系列无操作系统的项目通过 μC/OS 操作系统的任务来实现，使学生明白操作系统的特点。本书共 6 章，内容包括嵌入式系统的概况、ADS 项目开发及 AXD 调试、ARM 微处理器的指令系统、Proteus 软件简介及应用、LPC2106 嵌入式微处理器硬件结构、基于 μC/OS 的程序开发。

　　本书适用于高等院校电子信息类专业学生使用，也可以作为嵌入式系统开发人员的参考书。

版权专有　侵权必究

图书在版编目（CIP）数据

　　ARM 嵌入式系统：基于 ADS1.2 及 Proteus 仿真／邓力，杨佳主编 . —北京：北京理工大学出版社，2016.8

　　ISBN 978－7－5640－9777－6

　　Ⅰ . ①A…　　Ⅱ . ①邓…　②杨…　　Ⅲ . ①微处理器－系统设计－高等学校－教材

　　Ⅳ . ①TP332.021

　　中国版本图书馆 CIP 数据核字（2016）第 193205 号

出版发行／北京理工大学出版社有限责任公司

社　　　址／北京市海淀区中关村南大街 5 号

邮　　　编／100081

电　　　话／（010）68914775（办公室）

　　　　　　　（010）68944990（批销中心）

　　　　　　　（010）68911084（读者服务部）

网　　　址／http：//www.bitpress.com.cn

经　　　销／全国各地新华书店

印　　　刷／北京富达印务有限公司

开　　　本／787 毫米×1092 毫米　1/16

印　　　张／16.25

字　　　数／382 千字

版　　　次／2016 年 8 月第 1 版　2016 年 8 月第 1 次印刷

定　　　价／52.00 元

文案编辑／王艳丽

责任编辑／王艳丽

责任校对／周瑞红

责任印制／李志强

图书出现印装质量问题，请拨打售后服务热线，本社负责调换

Foreword 前言

Foreword

21世纪是嵌入式计算机系统时代,又称"后PC时代"。嵌入式系统已广泛应用到了信息家电、通信设备、仪器仪表、军事装备、船舶等众多领域中,市场对嵌入式系统人员的需求日趋上升。近年来,市场急需专业化的嵌入式系统开发特别是嵌入式软件开发人才,加强这方面的人才培养尤为重要。

ARM技术已在许多领域得到广泛的应用,作为32位的RSIC架构,ARM芯片不但占据了高端的微控制器市场,同时也逐渐向低端控制器应用领域拓展。在通信产品领域,智能手机大部分的处理器都是采用ARM核。

嵌入式技术往往和行业背景结合紧密,由于嵌入式系统技术更新较快,难以找到适用的系列教材。本书以嵌入式系统硬件以及嵌入式实时操作系统为重点,全面介绍嵌入式系统概况、ARM体系结构、ARM的指令系统、LPC2000系列ARM的硬件结构、基于源代码开放的μC/OS-Ⅱ程序设计、嵌入式系统的设计与开发。本书是为了克服传统教学体系中教与学互相脱离,以嵌入式系统的知识模块与工程实训项目相结合来驱动学生的工程实践能力培养,对每个知识点采用了"项目开发实例"的方式来编写,并通过Proteus软件的电路仿真完成项目的电路设计。

本书利用学生学过单片机课程的条件,将LPC2000系列首先当成高级单片机来使用,使学生对嵌入式知识的学习有更好的连贯性;将μC/OS-Ⅱ的内核源代码作为教学案例,讲解嵌入式操作系统内核的实现机制和原理,同时将前面LPC2000系列无操作系统的项目通过μC/OS操作系统的任务来实现,使学生明白操作系统的特点。

本书由唐秋玲主审,由邓力、杨佳担任主编。钟国文、梁广瑞、谭莉担任副主编。其中,前言、第1章、第2章、第3章的3.1~3.4节、3.5节中的3.5.2、第4章、第5章的5.1~5.4节、5.11~5.13节、第6章这几部分的内容由邓力编写,第3章3.5节的3.5.1的内容由杨佳编写,第5章的5.6、5.7节的内容由钟国文编写,第5章的5.8~5.10节的内容由梁广瑞编写,第5章的5.5节的内容由谭莉编写。全书由邓力、杨佳统稿。本书得到了广州市风标电子技术有限公司、广西火炬高技术发展公司苏鸿高级工程师的支持,在此表示感谢!

由于编者经验不足,本书难免有不足之处,恳请各位读者批评指正。

编 者

目录

Contents

第1章

嵌入式系统的概况

1.1 嵌入式系统的定义和组成

（一）嵌入式系统的应用领域

嵌入式技术无处不在，各种使用嵌入式技术的电子产品有 MP3、PDA、手机、智能玩具、网络家电、智能家电、车载电子设备等。

在工业和服务领域中，大量嵌入式技术也已经应用于工业控制、数控机床、智能工具、工业机器人、服务机器人等各个行业，正在逐渐改变着传统的工业生产和服务方式。

（二）嵌入式系统的定义

1. IEEE 给出的定义

嵌入式系统是"用于控制、监视或者辅助操作机器和设备的装置"（原文为 devices used to control，monitor，or assist the operation of equipment，machinery or plants）。

2. 国内普遍认同的定义

嵌入式系统是以应用为中心，以计算机技术为基础，软、硬件可裁剪，适应应用系统对功能、可靠性、成本、体积、功耗等严格要求的专用计算机系统。

可以从以下几个方面来理解国内对嵌入式系统的定义：

（1）嵌入式系统是面向用户、面向产品、面向应用的，它必须与具体应用相结合才能具有生命力。

（2）嵌入式系统必须能够根据应用需求对软硬件进行裁剪，满足应用系统的功能、可靠性、成本、体积的要求。

（三）嵌入式系统的几个重要特征

1. 系统内核小

由于嵌入式系统一般是应用于小型电子装置的，系统资源相对有限，所以内核较之传统的操作系统要小得多。

2. 专用性强

嵌入式系统的个性化很强，其中的软件系统和硬件的结合非常紧密，一般要针对硬件进行系统的移植。

即使在同一品牌、同一系列的产品中也需要根据系统硬件的变化和增减不断进行修改。

3. 系统精简

嵌入式系统一般没有系统软件和应用软件的明显区分，不要求其功能设计及实现上过于复杂，这样一方面利于控制系统成本，同时也利于实现系统安全。

4. 高实时性

这是嵌入式软件的基本要求，而且软件要求固化存储，以提高速度。软件代码要求高质量和高可靠性、实时性。

5. 嵌入式系统的开发

嵌入式系统开发需要开发工具和开发环境（交叉开发环境）。

（四）嵌入式技术的发展趋势

嵌入式技术将成为"后PC时代"的主宰：

（1）嵌入式技术成为当前微电子技术与计算机技术中的一个重要分支。

（2）使计算机的分类从以前的巨型机、大型机、小型机、微机之分变为了通用计算机和嵌入式系统之分。

（3）嵌入式的应用更是涉及金融、航天、电信、网络、信息家电、医疗、工业控制、军事等各个领域，以致一些学者断言嵌入式技术将成为"后PC时代"的主宰。

（五）嵌入式处理器的分类

1. 嵌入式MPU

嵌入式MPU（Micro - Processor Unit）就是将整个计算机系统的主要硬件集成到一块芯片中，芯片内部集成ROM/EPROM、RAM、总线、总线逻辑、定时/计数器、Watchdog、I/O、串行口等各种必要功能和外设。

（1）嵌入式MPU的特点。

1）其功能和微处理器基本一样，是具有32位以上的处理器，具有较高的性能。

2）具有体积小、功耗少、成本低、可靠性高的特点。有的可提供工业级应用。

（2）流行的嵌入式MPU。

1）通用系列：8051、MCS251、MCS - 96/196/296等。

2）半通用系列：支持I^2C、CAN BUS及众多专用MCU和兼容系列。

2. 嵌入式DSP

嵌入式DSP（Digital Signal Processing）是专门用于信号处理方面的处理器，其在系统结构和指令算法方面进行了特殊设计，具有很高的编译效率和指令执行速度。

应用领域：数字滤波、频谱分析、FFT。

流行的嵌入式DSP：TMS320C2000系列（TI）、MCS - 296（Intel）等。

3. 嵌入式SoC

SoC（System on Chip，片上系统）是采用ASIC（Application Specific Integrated Circuits）设计方法学中的新技术，以嵌入式系统为核心，以IP复用技术为基础，集软、硬件于一体，并追求产品系统最大包容的集成芯片。它是指在一个芯片上实现信号采集、转换、存储、处理和I/O等功能，包含嵌入软件及整个系统的全部内容。SoC的设计基础是IP（Intellectual Property）复用技术。为了加快SoC芯片设计的速度，人们将已有的IC电路以模块的形式在SoC芯片设计中调用，从而简化芯片的设计，缩短设计时间，提高设计效率。这些可以被重复使用的IC模块就叫作IP模块（或者叫作系统宏单元、芯核、虚拟器件）。IP模块是一种预先设计好，已经过验证，具有某种确定功能的集成电路、器件或部件。它具有3种不同形式：软IP核（soft IP core）、固IP核（firm IP core）和硬IP核（hard IP core）。嵌入式SoC是追求产品系统最大包容的集成器件。

（1）SoC具有以下几方面的特点。

1）电量小：由于SoC产品多采用内部信号的传输，可以大幅降低功耗。

2）体积小：数颗IC整合为一颗SoC后，可有效缩小电路板上占用的面积。

3）系统功能丰富：在相同的内部空间内，SoC可整合更多的功能元件和组件。

4）性效比高：随着芯片内部信号传递距离的缩短，信号的传输效率将提升，而使产品性能有所提高。

5）节省成本：理论上，IP模块的出现可以减少研发成本，缩短研发时间，可适度节省成本。

（2）流行的SoC：Smart XA（Philips）。

4. 嵌入式SoPC

SoPC（System – on – a – Programmable – Chip），即可编程片上系统。用可编程逻辑技术把整个系统放到一块硅片上，称作SoPC。可编程片上系统是一种特殊的嵌入式系统：首先它是片上系统（SoC），即由单个芯片完成整个系统的主要逻辑功能；其次，它是可编程系统，具有灵活的设计方式，可裁减、可扩充、可升级，并具备软硬件在系统可编程的功能。SoPC结合了SoC和PLD、FPGA各自的优点，一般具备以下基本特征：

（1）至少包含一个嵌入式处理器内核。

（2）具有小容量片内高速RAM资源。

（3）丰富的IP Core资源可供选择。

（4）足够的片上可编程逻辑资源。

（5）处理器调试接口和FPGA编程接口。

（6）可能包含部分可编程模拟电路。

（7）单芯片、低功耗、微封装。

1.2　嵌入式微处理器体系结构

1.2.1　ARM体系的硬件架构

ARM是Advanced RISC Machines的缩写，它是一家微处理器行业的知名企业，该企业设计了大量高性能、廉价、耗能低的RISC（精简指令集计算机）处理器。公司的特点是只设计芯片，而不生产。它提供ARM技术知识产权（IP）核，将技术授权给世界上许多著名的半导体、软件和 OEM 厂商，并提供服务，有 ARM7/ARM9 等多个版本。除了一些 UNIX 图形工作站外，大多数 ARM 核心的处理器都使用在嵌入领域。

ARM，既可以认为是一个公司的名字，也可以认为是对一类微处理器的通称，还可以认为是一种技术的名字。到目前为止，基于 ARM 技术的微处理器应用占据了 32 位嵌入式微处理器约 75% 以上的市场份额。全球 80% 的 GSM/3G 手机、99% 的 CDMA 手机以及绝大多数 PDA 产品均采用 ARM 体系的嵌入式处理器。

ARM 微处理器的应用领域及特点如下。

（1）ARM 处理器市场覆盖率最高、发展趋势广阔。

基于 ARM 技术的 32 位微处理器，市场的占有率目前已达到 80%。

绝大多数 IC 制造商都推出了自己的 ARM 结构芯片。我国的中兴集成电路、大唐电信、中芯国际和上海华虹，以及国外的一些公司如德州仪器、意法半导体、Philips、Intel、Samsung 等都推出了自己设计的基于 ARM 核的处理器。

1）应用一：工业控制领域。

作为 32 位的 RISC 架构，基于 ARM 核的微控制器芯片不但占据了高端微控制器市场的大部分市场份额，同时也逐渐向低端微控制器应用领域扩展，ARM 微控制器的低功耗、高性价比，向传统的 8 位/16 位微控制器提出了挑战。

2）应用二：无线通信领域。

目前已有超过 85% 的无线通信设备采用了 ARM 技术，ARM 以其高性能和低成本，在该领域的地位日益巩固。

3）应用三：网络设备。

随着宽带技术的推广，采用 ARM 技术的 ADSL 芯片正逐步获得竞争优势。此外，ARM 在语音及视频处理上进行了优化，并获得广泛支持，也对 DSP 的应用领域提出了挑战。

4）应用四：消费类电子产品。

ARM 技术在目前流行的数字音频播放器、数字机顶盒和游戏机中得到广泛采用。

5）应用五：成像和安全产品。

现在流行的数码相机和打印机中绝大部分采用 ARM 技术。手机中的 32 位 SIM 智能卡也采用了 ARM 技术。

（2）ARM 处理器的特点。

1）体积小、功耗低、成本低、性能高。

2）支持 Thumb（16 位）/ARM（32 位）双指令集，能很好地兼容 8 位/16 位器件。

3）大量使用寄存器，指令执行速度更快。

4）大多数数据操作都在寄存器中完成。

5）寻址方式灵活简单，执行效率高。

6）指令长度固定。

（一）通用寄存器和程序计数器

ARM 微处理器支持 7 种运行模式，分别为：

（1）用户模式（usr）：ARM 处理器正常的程序执行状态。

（2）快速中断模式（fiq）：用于高速数据传输或通道管理。

（3）外部中断模式（irq）：用于通用的中断处理。

（4）管理模式（svc）：操作系统使用的保护模式。

（5）数据访问终止模式（abt）：当数据或指令预取终止时进入该模式，用于虚拟存储及存储保护。

（6）系统模式（sys）：运行具有特权的操作系统任务。

（7）未定义指令中止模式（und）：当未定义指令执行时进入该模式，可用于支持硬件协处理器的软件仿真。

ARM 体系结构的存储器格式有以下两种：

（1）大端格式：字数据的高字节存储在低地址中，字数据的低字节存放在高地址中。

（2）小端格式：与大端存储格式相反，高地址存放数据的高字节，低地址存放数据的低字节。

ARM 处理器共有 37 个寄存器，其中包括：

（1）31 个通用寄存器，包括程序计数器（PC）在内，都是 32 位寄存器。

（2）6 个状态寄存器，都是 32 位寄存器，但目前只使用了其中 12 位。

通用寄存器可以分为 3 类：未备份寄存器（R0 ~ R7）、备份寄存器（R8 ~ R14）和程序计数器 PC（R15）。对于每一个未备份寄存器来说，在所有的处理器模式下指的都是同一个物理寄存器。对应备份寄存器 R8 ~ R12 来说，每个寄存器对应两个不同的物理寄存器，这使得中断处理非常简单。例如，仅使用 R8 ~ R14 寄存器时，FIQ 处理程序可以不必执行保存和恢复中断现场的指令，从而使中断处理过程非常迅速。对于备份寄存器 R13 和 R14 来说，每个寄存器对应 6 个不同的物理寄存器，其中的一个是用户模式和系统模式共用的，另外的 5 个对应于其他 5 种处理器模式。

（二）ARM 程序状态寄存器

在所有处理器模式下都可以访问当前的程序状态寄存器 CPSR。CPSR 包含条件码标志、中断禁止位、当前处理器模式以及其他状态和控制信息。每种异常模式都有一个程序状态保存寄存器 SPSR。当异常出现时，SPSR 用于保存 CPSR 的状态。

CPSR 和 SPSR 的格式如表 1 - 1 所示。

表 1 - 1　CPSR 和 SPSR 的格式

31	30	29	28	27	26 ~ 8	7	6	5	4	3	2	1	0
N	Z	C	V	Q	DNM（RAZ）	I	F	T	M	M	M	M	M

（1）条件码标志。

N，Z，C，V 大多数指令可以检测这些条件码标志以决定程序指令如何执行。

（2）控制位。

最低 8 位 I、F、T 和 M 位用作控制位，当异常出现时可改变控制位。当处理器在特权模式下时也可以由软件改变。

中断禁止位：I 置"1"则禁止 IRQ 中断；F 置"1"则禁止 FIQ 中断。

T 位：T = 0 指示 ARM 执行；T = 1 指示 Thumb 执行。在这些体系结构系统中，可自由地使用能在 ARM 和 Thumb 状态之间切换的指令。

模式位：M0、M1、M2、M3 和 M4（M [4：0]）是模式位，这些位决定处理器的工作模式，如表1-2所示。

表1-2　ARM工作模式 M［4：0］

M［4：0］	模式	可访问的寄存器
0b10000	用户	PC，R14～R0，CPSR
0b10001	FIQ	PC，R14_ fiq～R8_ fiq，R7～R0，CPSR，SPSR_ fiq
0b10010	IRQ	PC，R14_ irq～R8_ irq，R12～R0，CPSR，SPSR_ irq
0b10011	管理	PC，R14_ svc～R8_ svc，R12～R0，CPSR，SPSR_ svc
0b10111	中止	PC，R14_ abt～R8_ abt，R12～R0，CPSR，SPSR_ abt
0b11011	未定义	PC，R14_ und～R8_ und，R12～R0，CPSR，SPSR_ und
0b11111	系统	PC，R14～R0，CPSR

（3）其他位。

程序状态寄存器的其他位保留，用作以后的扩展。

1.2.2　冯·诺依曼体系结构和哈佛体系结构

（一）冯·诺依曼体系结构

冯·诺依曼体系结构模型如图1-1所示。

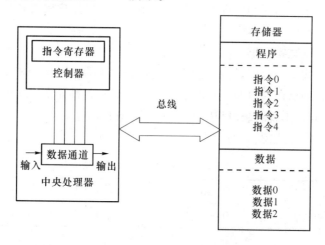

图1-1　冯·诺依曼体系结构模型

计算系统由一个中央处理单元（CPU）和一个存储器组成。存储器拥有数据和指令，并且可以根据所给的地址对它进行读或写。因此程序指令和数据的宽度相同，如 Intel 8086、ARM7、MIPS 处理器等。

指令的执行周期 T 包括以下几项：

（1）取指令（Instruction Fetch）：TF。

（2）指令译码（Instruction Decode）：TD。

（3）执行指令（Instruction Execute）：TE。

（4）存储（Storage）：TS。

每条指令的执行周期：$T = TF + TD + TE + TS$。

冯·诺依曼体系结构的特点如下：

（1）数据与指令都存储在同一存储区中，取指令与取数据利用同一数据总线。

（2）被早期大多数计算机所采用。

（3）结构简单，但速度较慢，因为取指令与取数据不能同时进行。

ARM7 使用冯·诺依曼体系结构。

（二）哈佛体系结构

哈佛机：为数据和程序提供了各自独立的存储器。

程序计数器只指向程序存储器而不指向数据存储器，这样做的后果是很难在哈佛机上编写出一个自修改的程序。

独立的程序存储器和数据存储器为数字信号处理提供了较高的性能。

指令和数据可以有不同的数据宽度，具有较高的效率，如摩托罗拉公司的 MC68 系列、Zilog 公司的 Z8 系列、ARM10 系列等。

哈佛体系结构模型如图 1 - 2 所示。

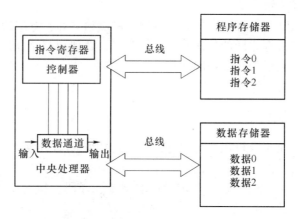

图 1 - 2　哈佛体系结构模型

哈佛体系结构的特点如下：

（1）程序存储器与数据存储器分开。

（2）提供了较大的存储器带宽，各自有自己的总线。

（3）适合于数字信号处理。

（4）大多数 DSP 都是哈佛结构。

（5）取指令和取数据在同一周期进行，提高速度。

改进的哈佛体系结构分成 3 个存储区：程序、数据、程序和数据共用。ARM9 使用哈佛体系结构。

1.2.3　RISC 体系结构

CISC（Complex Instruction Set Computer，复杂指令集计算机）具有以下特点：

（1）具有大量的指令和寻址方式。

（2）8/2 原则：80% 的程序只使用 20% 的指令。

（3）大多数程序只使用少量的指令就能够运行。

（4）CISC CPU 包含有丰富的单元电路，因而功能强、面积大、功耗大。

RISC（Reduced Instruction Set Computer，精简指令集计算机）具有以下特点：

（1）在通道中只包含最有用的指令，只提供简单的操作。

（2）确保数据通道快速执行每一条指令。

（3）LOAD – STORE 结构——处理器只处理寄存器中的数据，LOAD – STORE 指令用来完成数据在寄存器和外部存储器之间的传送。

（4）使 CPU 硬件结构设计变得更为简单，RISC CPU 包含较少的单元电路，因而面积小、功耗低。

CISC 与 RISC 的主要区别：

（1）寄存器。

1）RISC 指令集：拥有更多的通用寄存器，每个可以存放数据和地址，寄存器为所有的数据操作提供快速的存储访问。

2）CISC 指令集：多用于特定目的的专用寄存器。

（2）LOAD – STORE 结构。

1）RISC 结构：CPU 仅处理寄存器中的数据，采用独立的、专用的 LOAD – STORE 指令来完成数据在寄存器和外存之间的传送。访存较费时，处理和存储分开，可以反复地使用保存在寄存器中的数据，而避免多次访问外存。

2）CISC 结构：能直接处理存储器中的数据。

1.2.4 流水线技术

流水线技术：即几个指令可以并行执行，可提高 CPU 的运行效率。ARM7 使用 3 级流水线，ARM9 使用 5 级流水线。

3 级流水线，即指令的执行分 3 个阶段：取指令、译码、执行，允许多个操作同时处理，比逐条指令执行要快。

取指令：从存储器中读入指令。

译码：对指令及其用到的寄存器做解码。

执行：从寄存器送出信息，执行移位运算和逻辑运算，并将最后结果写回寄存器。1 条指令需要 3 个时钟周期来完成，流水线使得平均每个时钟周期能完成 1 条指令。

例1 ADD r1 r2

SUB r3 r2

CMP r1 r3

3 级流水线程序指令时序如图 1 – 3 所示。

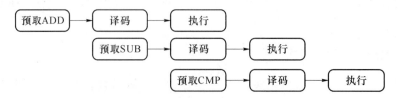

图 1 – 3 3 级流水线程序指令时序（1）

可以看出，流水线使得每个时钟周期都可以执行一条指令。

例2 如图 1-4 所示。

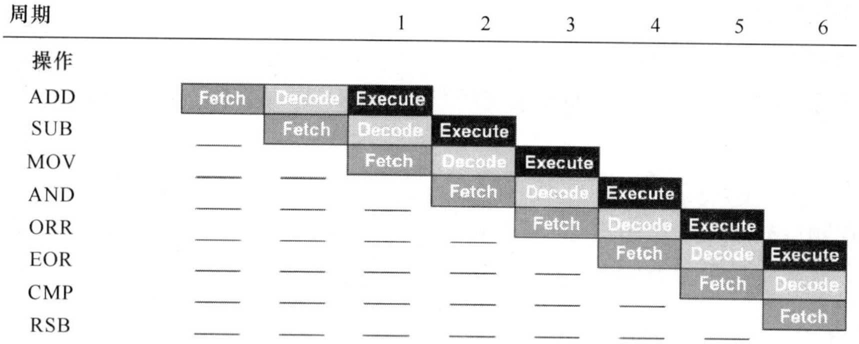

图 1-4　3 级流水线程序指令时序 (2)

例 2 中用 6 个时钟周期执行了 6 条指令，所有的操作都在寄存器中（单周期执行），指令周期数（CPI）＝1。

1.3　嵌入式操作系统

嵌入式操作系统（Embedded Operating System，EOS）是一种用途广泛的系统软件，过去它主要应用于工业控制和国防系统领域。EOS 负责嵌入式系统的全部软、硬件资源的分配、任务调度，控制、协调并发活动。它必须体现其所在系统的特征，能够通过装卸某些模块来实现系统所要求的功能。EOS 是相对于一般操作系统而言的，它具有一般操作系统最基本的功能，如任务调度、同步机制、中断处理、文件处理等。

1.3.1　嵌入式操作系统的特点

嵌入式操作系统除具备了一般操作系统最基本的任务调度、同步机制、中断处理、文件处理等功能外，还具有以下特点：

（1）实时性。

（2）支持开放性和可伸缩性的体系结构，具有可裁剪性。

（3）提供统一的设备驱动接口。

（4）提供操作方便、简单、友好的图形 GUI（图形用户界面）。

（5）支持 TCP/IP 协议及其他协议，提供 TCP/UDP/IP/PPP 协议支持及统一的 MAC 访问层接口，提供强大的网络功能。

（6）嵌入式操作系统的用户接口通过系统的调用命令向用户程序提供服务。

（7）嵌入式系统一旦开始运行就不需要用户过多的干预。

（8）嵌入式操作系统和应用软件被固化在嵌入式系统计算机的 ROM 中。

（9）具有良好的硬件适应性（可移植性）。

1.3.2　嵌入式操作系统的选择

嵌入式操作系统的出现，使在嵌入式系统设计时有了很大的选择余地，但选择的操作系统是否恰当对整个系统的开发有着至为关键的影响。总的来说，嵌入式操作系统的选择可以遵从以下几条主要原则。

1. 实时性

嵌入式操作系统的实时性主要与系统的结构、任务调度策略、中断处理手段以及内存管理方法有关。

2. 系统定制能力

工业控制产品不同于民用 PC 的 WinTel（微软 Windows + Intel 处理器）结构，后者比较简单，前者需求则是千差万别的，因此硬件系统也都不一样，所以对系统的定制能力有较高的要求。

3. 可移植性

当进行嵌入式软件开发时，可移植性是需要重点考虑的问题。良好的软件移植性应该比较好，可以在不同平台、不同系统上运行，跟操作系统无关。

4. 可利用资源

产品开发不同于学术课题研究，它以快速、低成本、高质量地推出适合用户需求的产品为目的。集中精力研发出产品的特色，其他功能尽量由操作系统附加或采用第三方产品，因此操作系统的可利用资源对于选型是一个重要参考条件。如果有大量的资源可以利用，无疑会极大地缩短开发周期，降低成本。

5. 网络能力

现在的工业控制系统对联网的要求越来越多，即使目前的产品不需要具有联网的能力，也应该为以后的升级留下余地。

6. 图形界面开发能力

友好的图形界面对多数控制系统来说都是必不可少的，相应的开发工具是否功能强、使用简单对开发的影响很大。

7. 中文内核支持

作为国内的工业控制系统，最好支持中文。

8. 已有的条件

在满足可靠应用的条件下，降低开发成本是每个控制系统开发考虑最多的因素之一。能根据自己的实际情况，合理地利用已有的条件，将会对降低成本有很大的作用，也会缩短产品的上市时间。

1.3.3　实时操作系统

实时操作系统（Real Time Operating System，RTOS）是指当外界事件或数据产生时，能够接受并以足够快的速度予以处理，其处理的结果又能在规定的时间之内来控制生产过程或对处理系统做出快速响应，并控制所有实时任务协调一致运行的操作系统。因而，提供及时响应和高可靠性是其主要特点。实时操作系统有硬实时和软实时之分，硬实时要求在规定的时间内必须完成操作，这是在操作系统设计时保证的；软实时则只要按照任务的优先级，尽可能快地完成操作即可。通常使用的操作系统在经过一定改变之后就可以变成实时操作系统。

1. 实时操作系统定义

实时操作系统是保证在一定时间限制内完成特定功能的操作系统。例如，可以为确保生产线上的机器人能获取某个物体而设计一个操作系统。在"硬"实时操作系统中，如果不能在允许时间内完成使物体可达的计算，操作系统将因错误结束。在"软"实时操作系统中，生产线仍然能继续工作，但产品的输出速度会因产品不能在允许时间内到达而减慢，这使机器人有短暂的不生产现象。一些实时操作系统是为特定的应用设计的，另一些是通用的。一些通用目的的操作系统称自己为实时操作系统。但在某种程度上，大部分通用目的的操作系统，如微软的 Windows NT 或 IBM 的 OS/390 有实时系统的特征。这就是说，即使一个操作系统不是严格的实时系统，它们也能解决一部分实时应用问题。

2. 实时操作系统的特征

（1）高精度计时系统。

计时精度是影响实时性的一个重要因素。在实时应用系统中，经常需要精确、确定、实时地操作某个设备或执行某个任务，或精确地计算一个时间函数。这些不仅依赖于一些硬件提供的时钟精度，也依赖于实时操作系统实现的高精度计时功能。

（2）多级中断机制。

一个实时应用系统通常需要处理多种外部信息或事件，但处理的紧迫程度有轻重缓急之分，有的必须立即做出反应，有的则可以延后处理。因此，需要建立多级中断嵌套处理机制，以确保对紧迫程度较高的实时事件进行及时响应和处理。

（3）实时调度机制。

实时操作系统不仅要及时响应实时事件中断，同时也要及时调度运行实时任务。但是，处理机调度并不能随心所欲地进行，因为涉及两个进程之间的切换，只能在确保"安全切换"的时间点上进行。实时调度机制包括两个方面：一是在调度策略和算法上保证优先调度实时任务；二是建立更多"安全切换"时间点，保证及时调度实时任务。

1.3.4 目前市场上流行的嵌入式操作系统

1. VxWorks

VxWorks 是美国 WindRiver 公司的产品，是目前嵌入式系统领域中应用很广泛、市场占有率比较高的嵌入式操作系统。VxWorks 实时操作系统由 400 多个相对独立、短小精悍的目标模块组成，用户可根据需要选择适当的模块来裁剪和配置系统；提供基于优先级的任务调度、任务间同步与通信、中断处理、定时器和内存管理等功能，内建符合 POSIX（可移植操作系统接口）规范的内存管理以及多处理器控制程序；并且具有简明易懂的用户接口，在核心方面甚至微缩到 8 KB。

2. μC/OS - Ⅱ

μC/OS - Ⅱ是在 μC - OS 的基础上发展起来的，是美国嵌入式系统专家 Jean J. Labrosse 用 C 语言编写的一个结构小巧、抢占式的多任务实时内核。μC/OS - Ⅱ能管理 64 个任务，并提供任务调度与管理、内存管理、任务间同步与通信、时间管理和中断服务等功能，具有执行效率高、占用空间小、实时性能优良和可扩展性强等特点。

3. μC linux

μC linux 是一种优秀的嵌入式 Linux 版本，其全称为 micro - control Linux，从字面意思看，是指微控制 Linux。同标准的 Linux 相比，μC linux 的内核非常小，但是它仍然继承了 Linux 操作系统的主要特性，包括良好的稳定性和移植性、强大的网络功能、出色的文件系统支持、标准丰富的 API，以及 TCP/IP 网络协议等。因为没有 MMU（内存管理单元），所以其多任务的实现需要一定技巧。

4. eCos

eCos（embedded Configurable operating system），即嵌入式可配置操作系统。它是一个源代码开放的可配置、可移植、面向深度嵌入式应用的实时操作系统。最大特点是配置灵活，采用模块化设计，核心部分由不同的组件构成，包括内核、C 语言库和底层运行包等。每个组件可提供大量的配置选项（实时内核也可作为可选配置），使用 eCos 提供的配置工具可以很方便地配置，并通过不同的配置使得 eCos 能够满足不同的嵌入式应用要求。

 习　题

1.1　什么是嵌入式系统？比较嵌入式系统与通用 PC 机的区别。

1.2　嵌入式系统有哪些特点？

1.3　嵌入式系统是怎样分类的？

1.4　详细说明什么是 MPU、MCU、SoC 和 SoPC？

1.5　试举出 4 种嵌入式操作系统，并指出其特点。

1.6　ARM7 采用几级流水线？简单描述一下 ARM7 流水线结构。

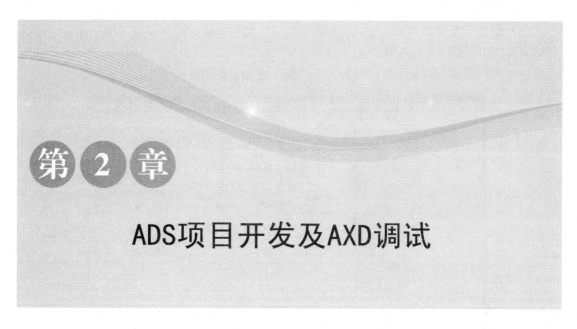

第 2 章

ADS项目开发及AXD调试

本章学习如何使用 ADS 中的 CodeWarrior——项目管理器来管理源代码。一个嵌入式系统项目通常是由多个文件构成的，这其中包括不同的语言（如汇编语言或 C 语言）、不同类型（源文件或库文件）的文件。CodeWarrior 通过"工程（Project）"来管理一个项目相关的所有文件。因此，在我们正确编译这个项目代码以前，首先要建立"工程"，并加入必要的源文件、库文件等。

2.1 ADS1.2 集成开发环境的安装及使用

安装 ADS1.2 软件的步骤如下。

（1）打开桌面上 ADS1.2 的文件夹，双击"SETUP.EXE"。在安装界面选择"Next"按钮继续，在第二个出现的界面中，选择"YES"，同意安装许可。

（2）选择安装路径，安装到适当的地方，保证空间足够（200MB 左右），此处默认为"C：\Program Files\ARM"，选择"Next"按钮继续，如图 2-1 所示。

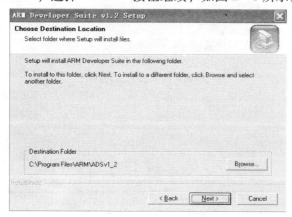

图 2-1　选择安装路径

（3）选择完全安装 Full 的方式，单击"Next"按钮继续，然后连续单击"Next"按钮，开始安装，出现程序安装界面。

（4）程序安装界面结束后，单击"下一步"按钮，如图2-2所示。

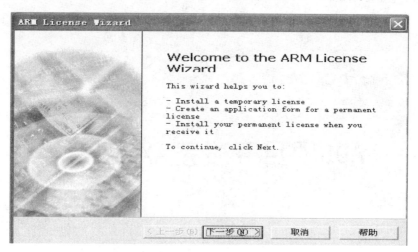

图2-2　程序安装过程

（5）选择"Install License"项，再单击"下一步"按钮，如图2-3所示。

（6）因为此步骤是安装 License，所以按要求输入 License。

（7）依次单击"下一步"→"完成"→"Finish"按钮，完成整个安装过程。

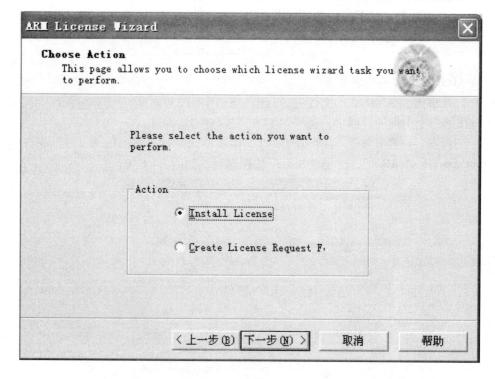

图2-3　安装 License

2.2 ADS 项目及文件的建立

建立项目时需要按照以下步骤来新建一个工程。

（1）选择 File 菜单下的"New"选项，或直接单击 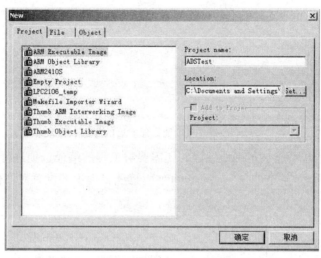 按钮，出现如图2-4所示的对话框。

图2-4 ADS 新工程项目的建立

（2）选中"ARM Executable Image"选项，如图2-5所示，在右边的编辑框中输入工程名（例如 ADSTest），在下面的 Location 栏中，单击"Set..."按钮，选择放置工程的路径。ADS1.2不支持中文的目录名字，所以新建工程的文件夹向上一直到根目录的所有文件夹的名字都是英文的。

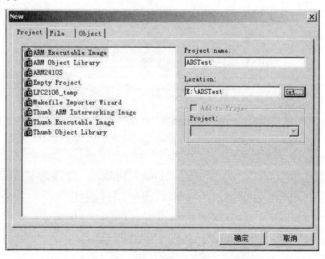

图2-5 ADS 项目命名及项目路径

15

（3）单击"确定"按钮后工程被建立。ADS 项目建立后的界面如图 2 - 6 所示。

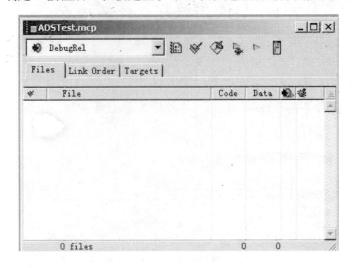

图 2 - 6   ADS 项目建立后的界面

但这样的工程还并不能被正确地编译，还需要对工程的编译选项进行适当配置。为了设置方便，先单击"Target"下的"Target Settings"选项，弹出的设置对话框如图 2 - 7 所示。

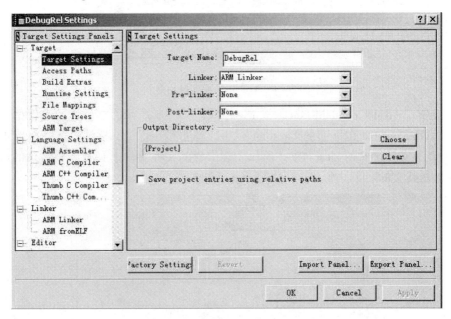

图 2 - 7   "DebugRel Settings"的设置对话框

首先选中"Target Settings"，将其中的"Post - linker"设置为"ARM fromELF"，如图 2 - 8 所示，使得工程在链接后再通过 fromELF 产生二进制代码。

然后选中"ARM Linker"，对链接器进行设置，如图 2 - 9 所示。

而后选取"Layout"页面进行设置，如图 2 - 10 所示。

（选择编译的最后生成 Intel 32 位二进制的文件，文件名为 test. hex，文件生成后在当前项目文件夹下。）

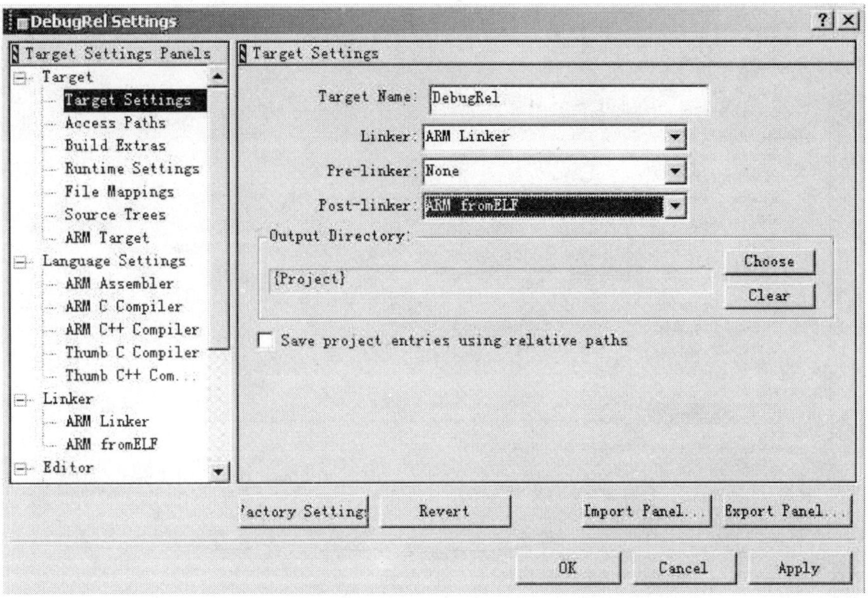

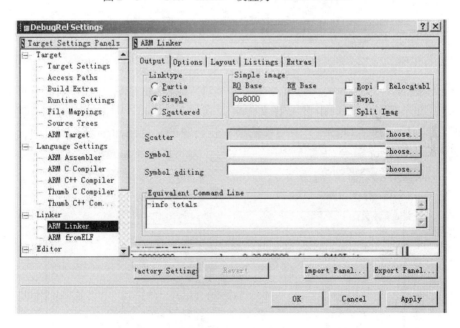

图 2 - 8　"Post - linker"设置为"ARM fromELF"

图 2 - 9　"ARM Linker"中"Output"的设置

在 Output format 栏中选择 "Intel 32 bit Hex"选项，选择编译的最后生成 Intel 32 位二进制的文件；在 Output file name 栏中单击 "Choose..."按钮选择要输出的二进制文件的文件名和路径。直接输入文件名：test. hex，使得 test. hex 文件生成后在当前项目文件夹下。

这样，对于 DebugRel 变量的基本设置都完成了。单击 "Apply"按钮后再单击 "OK"按钮退出。

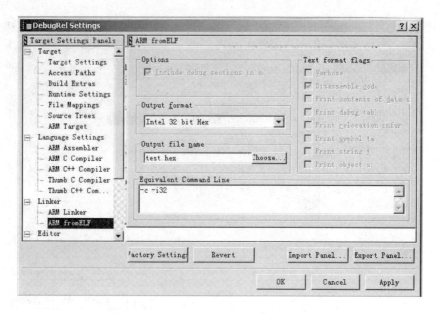

图 2 - 10　"ARM Linker"中"Layout"的设置

2.3　在工程中添加源文件

选择 File 菜单下的"New"选项，在图 2 - 11 的对话框中，点选"File"页面，选中"Text File"，在"File name"中设置好文件名，在"Location"中设置好路径，选中"Add to Project"选项后选择"Targets"中的各选项，将新建的文件添加至当前项目中，单击"确定"按钮，CodeWarrior 就会为你新建一个源文件，并可以开始编辑该空文件。

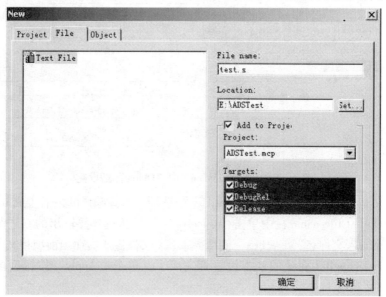

图 2 - 11　新建项目文件

在空文件中输入以下代码：

```
; 文件名：TEST1.S
; 功能：实现两个寄存器相加
; 说明：使用 ARMulate 软件仿真调试
        AREA   TEST1，CODE，READONLY    ; 声明代码段：TEST1
        ENTRY                  ; 标识程序入口
        CODE32                 ; 声明 32 位 ARM 指令
START   MOV   R0，#0x08         ; 设置参数，START 要顶格，否则编译会出错
        MOV   R1，#0x09
        ADD   R0，R0，R1         ; R0 = R0 + R1
        END                   ; 文件结束
```

程序代码编写的格式要求：

（1）AREA 伪指令用于定义一个代码段或数据段，TEST1 为此代码段名，CODE 表明是代码段，READONLY 说明属性是只读。在输入 AREA 前要空两个 Tab 键（按 Tab 键两次后再输入AREA）。

（2）ENTRY 为程序入口。

（3）CODE32 表明使用的是 32 位的 ARM 指令集，在输入 CODE32 前要空两个 Tab 键。

（4）ADS1.2 的汇编程序使用";"符号进行注释，在一行中";"后的为注释语句，不参与编译。

（5）START 为程序的标号，并且标号要顶格写。

（6）END 声明文件结束。

程序代码说明：

程序使用"MOV   R0，#0x08"与"MOV   R1，#0x09"对 R0、R1 两个寄存器赋值，0x 表示数值为十六进制。使用"ADD   R0，R0，R1"实现 R0 = R0 + R1 的功能。

程序编写完成后单击"File"下的"Save"保存文件。

2.4 对工程进行编译和连接

注意，在图 2 - 11 中新加入的文件前面有个红色的"√"，说明这个文件还没有被编译过。在进行编译之前，必须正确设置该工程的工具配置选项。如果前面采用的是直接调入工程模板，有些选项已经在模板中保存了下来，可以不再进行设置。如果是新建工程，则必须按照下文中所述的步骤进行设置。

选中所有的文件，单击 图标进行文件数据同步；

然后单击 图标，对文件进行编译（compile）；

单击 按钮，对工程进行 Make，Make 的行为包括以下过程：

（1）编译和汇编源程序文件，产生 *.o 对象文件。

（2）连接对象文件和库产生可执行映像文件。

（3）产生二进制代码。

Make 之后将弹出"Errors & Warnings"对话框，来报告出错和警告情况。编译成功后的显示如图 2 – 12 所示。注意到左上角标示的错误和警告数目都是"0"。

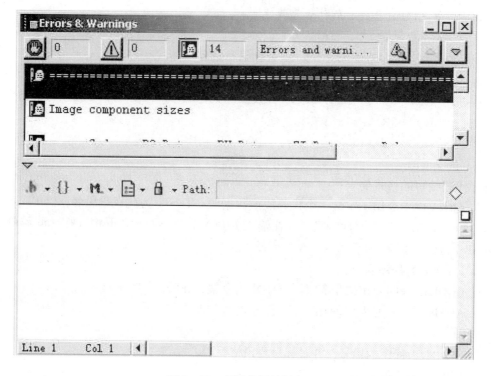

图 2 – 12　项目编译结果窗口

Make 结束后产生了可执行文件 test. axf，这个文件可以载入 AXD 进行仿真调试，并且还通过 from ELF 工具将 ELF 文件转换为 Intel 32 位格式文件 test. hex 。它可以用来最终固化到 flash ROM 中（但连接选项中的" – ro – base"要修改为 0x0），也可以下载到" – ro – base"地址中运行。

使用 AXD 进行仿真调试：在 CodeWarrior 编译环境中，工程编译成功，产生 *. axf文件之后，就可以进行调试。单击 按钮，进入 AXD 视窗界面，如图 2 – 13 所示。

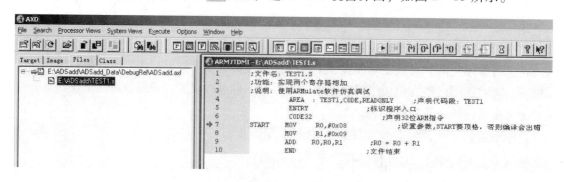

图 2 – 13　使用 AXD 进行仿真调试的界面

2.5　AXD 调试器的使用

AXD 提供了许多有用的观察窗口，单击菜单栏中的"Processor Views"，可以从它的下拉菜单项中了解可观察的项目，如图 2 - 14 所示。

这里说明一下其中常用的项目：

Registers：可以查看 CPU 在各个工作模式下内部寄存器的值；

Watch：可以用表达式查看变量的值；

Variables：查看变量，包括本地变量、全局变量、类变量；

Backtrace：查看函数调用情况（堆栈）；

Memory：查看存储器内容。输入地址，即可查看从这个地址开始的存储单元的值。

选择"Registers"选项，打开"Registers"窗口，如图 2 - 15 所示，展开"Current"（单击"＋"），就可以查看 Test 程序运行时对应的工作寄存器的值，如图 2 - 16 所示。

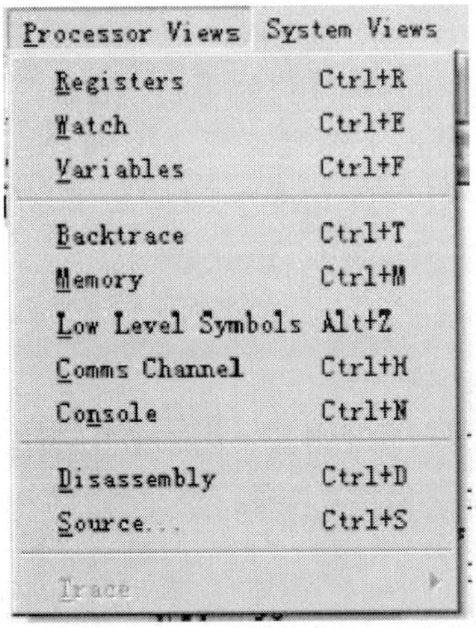

图 2 - 14　"Processor Views"菜单项 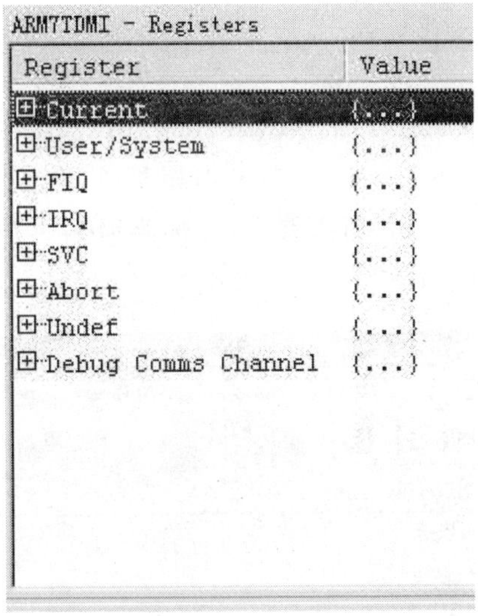　　　　图 2 - 15　"Registers"窗口

使用单步的方式运行程序，如图 2 - 17 所示：在"Register"窗口中查看程序中使用到的 R0、R1 寄存器值的变化：

（1）运行到"MOV　R0,#0x08"时，R0 的值由 0 变化为 0x08（颜色也变为红色，表示其值发生了变化）。

（2）运行到"MOV　R1,#0x09"时，R1 的值由 0 变化为 0x09（颜色也变为红色，表示其值发生了变化）。

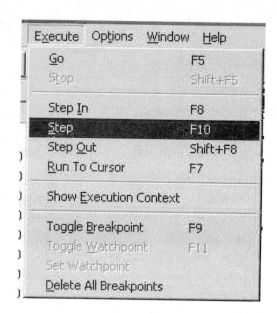

图 2-16　"Registers"窗口的"Current"选项　　　　图 2-17　选择单步的方式运行程序

（3）运行到"ADD　R0，R0，R1"时，R0 的值由 0x08 变化为 0x11（注意是使用十六进制表示）。在 r0 上单击鼠标右键，选择将 r0 的值用十进制表示（选择"Format"→"Decimal"），可以看到 R0 的值为 17，与 R0 + R1 = 8 + 9 = 17 相符合。

R0，R1 值的变化如图 2-18 所示，数值十进制显示如图 2-19 所示。

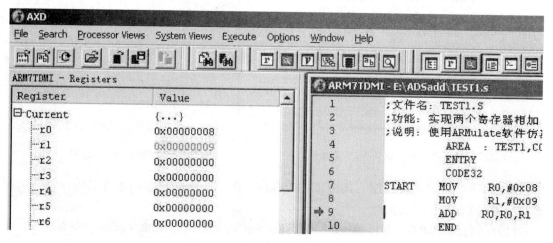

图 2-18　R0，R1 值的变化

在"Memory"窗口的"address"中输入 0x8000（"DebugRel Settings"中"ARM Linker"中设置的"R0 Base"），可以查看对应地址的数据，如图 2-20 所示。

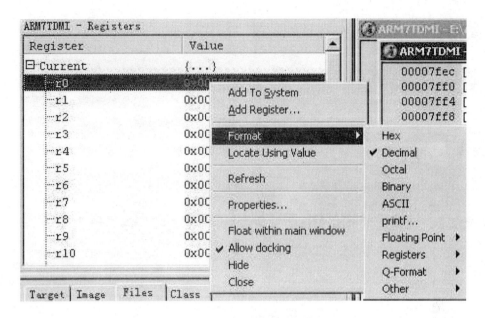

图 2-19 数值显示为十进制

```
ARM7TDMI - Memory  Start addr 0x8000
Tab1 - Hex - No prefix | Tab2 - Hex - No prefix | Tab3 - Hex - No prefix | Tab4 - Hex - No prefix |
Address    0   1   2   3   4   5   6   7   8   9   a   b   c   d   e   f      ASCII
0x00008000 08  00  A0  E3  09  10  A0  E3  01  00  80  E0  00  E8  00  E8   ...............
0x00008010 10  00  FF  E7  00  E8  00  E8  10  00  FF  E7  00  E8  00  E8   ...............
0x00008020 10  00  FF  E7  00  E8  00  E8  10  00  FF  E7  00  E8  00  E8   ...............
0x00008030 10  00  FF  E7  00  E8  00  E8  10  00  FF  E7  00  E8  00  E8   ...............
0x00008040 10  00  FF  E7  00  E8  00  E8  10  00  FF  E7  00  E8  00  E8   ...............
0x00008050 10  00  FF  E7  00  E8  00  E8  10  00  FF  E7  00  E8  00  E8   ...............
```

图 2-20 "Memory"窗口内存地址数值

 习　题

2.1　试安装 ADS1.2，安装后在 ADS 中新建一项目。

2.2　简述 ADS 与 AXD 的关系。

ARM微处理器的指令系统

本章介绍 ARM 指令集、Thumb 指令集以及各类指令对应的寻址方式，并通过对相应的 ARM 指令项目的编译和 AXD 的调试，了解、掌握 ARM 微处理器所支持的指令集及具体的使用方法。本章中将授课内容与项目实训分在不同的节中介绍，但可以在完成相应的授课内容后选择 3.4 节中相应的实训项目进行实训。

3.1　ARM 微处理器的指令集概述

CPU 是通过执行指令序列完成程序的运行，每种 CPU 都会有自己相对应的一组指令集，这组指令集就称为处理器的指令系统。ARM 处理器是基于精简指令集计算机（RISC）原理而设计的，ARM 支持两种指令集：32 位 ARM 指令集和 16 位 Thumb 指令集。ARM 指令集效率高，但代码密度低；Thumb 指令集具有较高的代码密度，与等价的 ARM 代码相比，可节省30%~40%以上的存储空间。ARM 程序和 Thumb 程序可相互调用，相互之间的状态切换开销几乎为零。

3.2　ARM 指令的寻址方式

寻址方式就是处理器根据指令中给出的地址码字段来寻找真实操作数地址的方式。目前 ARM 指令系统支持以下几种常见的寻址方式。

3.2.1　立即寻址

立即寻址也叫立即数寻址，指令中的操作码字段后面的地址码部分即操作数本身，操作数本身就在指令中给出，只要取出指令也就取到了操作数，这个操作数被称为立即数，对应的寻址方式也就叫作立即寻址。例如以下指令：

```
ADD  R0，R0，#1            ；R0←R0 +1
ADD  R0，R0，#0x2a         ；R0←R0 +0x2a
```

在以上两条指令中，第二个源操作数为立即数，要求以"#"为前缀，对于以十六进制表示的立即数，还要求在"#"后加上"0x"或"&"。

若当前有 R0 的值为 0x55，执行：MOV R0，#0xFF00 后，R0 的值变为 0xFF00。

3.2.2 寄存器寻址

寄存器寻址就是利用寄存器中的数值作为操作数，这种寻址方式是各类微处理器经常采用的一种方式，也是一种执行效率较高的寻址方式。操作数的值在寄存器中，指令中的地址码字段指出的是寄存器编号，指令执行时直接取出寄存器值来操作。例如以下指令：

```
ADD  R0，R1，R2 ；R0←R1 + R2
```

该指令的执行效果是将寄存器 R1 和 R2 的内容相加，其结果存放在寄存器 R0 中。

3.2.3 寄存器间接寻址

寄存器间接寻址指令中的地址码给出的是一个通用寄存器的编号，所需的操作数保存在寄存器指定地址的存储单元中，即寄存器为操作数的地址指针，就是以寄存器中的值作为操作数的地址，而操作数本身存放在存储器中。例如以下指令：

```
ADD  R0，R1，[R2]           ；R0←R1 + [R2]
LDR  R0，[R1]              ；R0← [R1]
STR  R0，[R1]              ；[R1] ←R0
```

在第一条指令中，以寄存器 R2 的值作为操作数的地址，在存储器中取得一个操作数后与 R1 的值相加，结果存入寄存器 R0 中。

第二条指令将以 R1 的值为地址的存储器中的数据传送到 R0 中。

第三条指令将 R0 的值传送到以 R1 的值为地址的存储器中。

3.2.4 基址变址寻址

基址变址寻址就是将寄存器（该寄存器一般称作基址寄存器）的内容与指令中给出的地址偏移量相加，从而得到一个操作数的有效地址。基址变址寻址用于访问基址附近的存储单元，常用于查表、数组操作、功能部件寄存器访问等。

采用基址变址寻址方式的指令常见有以下几种形式：

```
LDR  R0，[R1，#4]           ；R0← [R1 +4]
LDR  R0，[R1，#4]!          ；R0← [R1 +4]、R1←R1 +4
LDR  R0，[R1]，#4           ；R0← [R1]、R1←R1 +4
LDR  R0，[R1，R2]           ；R0← [R1 +R2]
```

在第一条指令中，将寄存器 R1 的内容加上 4 形成操作数的有效地址，从而取得操作数存入寄存器 R0 中。

在第二条指令中，将寄存器 R1 的内容加上 4 形成操作数的有效地址，从而取得操作数存入寄存器 R0 中，然后，R1 的内容自增 4 个字节。

在第三条指令中，以寄存器 R1 的内容作为操作数的有效地址，从而取得操作数存入寄存器 R0 中，然后，R1 的内容自增 4 个字节。

在第四条指令中，将寄存器 R1 的内容加上寄存器 R2 的内容形成操作数的有效地址，从而取得操作数存入寄存器 R0 中。

3.2.5 多寄存器寻址

采用多寄存器寻址方式，一条指令可以完成多个寄存器值的传送。这种寻址方式可以用一条指令完成传送最多 16 个通用寄存器的值。例如以下指令：

```
LDMIA  R0, {R1, R2, R3, R4}        ; R1← [R0]
                                   ; R2← [R0 +4]
                                   ; R3← [R0 +8]
                                   ; R4← [R0 +12]
```

该指令的后缀 IA 表示在每次执行完加载/存储操作后，R0 的值按字长度增加，因此，指令可将连续存储单元的值传送到 R1 ~ R4。

3.2.6 相对寻址

相对寻址是基址变址寻址的一种变通，相对寻址以程序计数器 PC 的当前值为基地址，指令中的地址标号作为偏移量，将两者相加之后得到操作数的有效地址。以下程序段完成子程序的调用和返回，跳转指令 BL 采用了相对寻址方式：

```
        BL  NEXT        ; 跳转到子程序 NEXT 处执行
        ……
NEXT
        ……
        MOV  PC, LR      ; 从子程序返回
```

3.2.7 堆栈寻址

堆栈是一种数据结构，按先进后出（First In Last Out，FILO）的方式工作，使用一个称作堆栈指针的专用寄存器指示当前的操作位置，堆栈指针总是指向栈顶。

当堆栈指针指向最后压入堆栈的数据时，称为满堆栈（Full Stack）；而当堆栈指针指向下一个将要放入数据的空位置时，称为空堆栈（Empty Stack）。

同时，根据堆栈的生成方式，又可以分为递增堆栈（Ascending Stack）和递减堆栈（Descending Stack）。当堆栈由低地址向高地址生成时，称为递增堆栈；当堆栈由高地址向低地址生成时，称为递减堆栈。这样就有 4 种类型的堆栈工作方式，ARM 微处理器支持这 4 种类型的堆栈工作方式，即：

——满递增堆栈：堆栈指针指向最后压入的数据，且由低地址向高地址生成。指令如 LDMFA、STMFA 等。

——满递减堆栈：堆栈指针指向最后压入的数据，且由高地址向低地址生成。指令如 LDMFD、STMFD 等。

——空递增堆栈：堆栈指针指向下一个将要放入数据的空位置，且由低地址向高地址生

成。指令如 LDMEA、STMEA 等。

——空递减堆栈：堆栈指针指向下一个将要放入数据的空位置，且由高地址向低地址生成。指令如 LDMED、STMED 等。

3.2.8　块拷贝寻址

多寄存器传送指令用于将一块数据从存储器的某一位置拷贝到另一位置。如：

```
STMIA   R0!,{R1-R7}    ; 将 R1～R7 的数据保存到存储器中。
                       ; 存储指针在保存第一个值之后增加，
                       ; 增长方向为向上增长。
STMIB   R0!,{R1-R7}    ; 将 R1～R7 的数据保存到存储器中。
                       ; 存储指针在保存第一个值之前增加，
                       ; 增长方向为向上增长。
```

3.3　ARM 指令集

3.3.1　跳转指令

跳转指令用于实现程序流程的跳转，在 ARM 程序中有两种方法可以实现程序流程的跳转：

① 使用专门的跳转指令。

② 直接向程序计数器 PC 写入跳转地址值。

通过向程序计数器 PC 写入跳转地址值，可以实现在 4 GB 的地址空间中任意跳转，在跳转之前结合使用

```
MOV  LR, PC
```

等类似指令，可以保存将来的返回地址值，从而实现在 4 GB 连续的线性地址空间的子程序调用。

ARM 指令集中的跳转指令可以完成从当前指令向前或向后的 32 MB 的地址空间的跳转，包括以下 4 条指令：

—— B　跳转指令

—— BL　带返回的跳转指令

—— BLX　带返回和状态切换的跳转指令

—— BX　带状态切换的跳转指令

1. B 指令

B 指令的格式为：

B {条件}　目标地址

B 指令是最简单的跳转指令。一旦遇到一个 B 指令，ARM 处理器将立即跳转到给定的目标地址，从那里继续执行。注意存储在跳转指令中的实际值是相对当前 PC 值的一个偏移量，而不是一个绝对地址，它的值由汇编器来计算（参考寻址方式中的相对寻址）。它是 24

位有符号数，左移两位后有符号数扩展为 32 位，表示的有效偏移为 26 位（前后 32 MB 的地址空间）。例如以下指令：

```
B    Label      ; 程序无条件跳转到标号 Label 处执行
CMP  R1, #0     ; 当 CPSR 寄存器中的 Z 条件码置位时，程序跳转到标号 Label 处执行
BEQ  Label
```

2. BL 指令

BL 指令的格式为：

BL ｛条件｝　目标地址

BL 是另一个跳转指令，但跳转之前，会在寄存器 R14 中保存 PC 的当前内容，因此，可以通过将 R14 的内容重新加载到 PC 中，来返回到跳转指令之后的那个指令处执行。该指令是实现子程序调用的一个基本但常用的手段。例如以下指令：

```
BL  Label      ; 当程序无条件跳转到标号 Label 处执行时，同时将当前的 PC 值保存到
                 R14 中
```

3. BLX 指令

BLX 指令的格式为：

BLX　目标地址

BLX 指令从 ARM 指令集跳转到指令中所指定的目标地址，并将处理器的工作状态由 ARM 状态切换到 Thumb 状态，该指令同时将 PC 的当前内容保存到寄存器 R14 中。因此，当子程序使用 Thumb 指令集，而调用者使用 ARM 指令集时，可以通过 BLX 指令实现子程序的调用和处理器工作状态的切换。同时，子程序的返回可以通过将寄存器 R14 值复制到 PC 中来完成。

4. BX 指令

BX 指令的格式为：

BX ｛条件｝　目标地址

BX 指令跳转到指令中所指定的目标地址，目标地址处的指令既可以是 ARM 指令，也可以是 Thumb 指令。

3.3.2　数据处理指令

数据处理指令可分为数据传送指令、算术逻辑运算指令和比较指令等。

数据传送指令用于在寄存器和存储器之间进行数据的双向传输。

算术逻辑运算指令完成常用的算术与逻辑的运算，该类指令不但将运算结果保存在目的寄存器中，同时更新 CPSR 中的相应条件标志位。

比较指令不保存运算结果，只更新 CPSR 中相应的条件标志位。

数据处理指令包括：

—— MOV　数据传送指令

—— MVN　数据取反传送指令

—— CMP　比较指令

—— CMN　反值比较指令

—— TST　位测试指令

—— TEQ　相等测试指令

—— ADD　加法指令

——　ADC　带进位加法指令

——　SUB　减法指令

——　SBC　带借位减法指令

——　RSB　逆向减法指令

——　RSC　带借位的逆向减法指令

——　AND　逻辑与指令

——　ORR　逻辑或指令

——　EOR　逻辑异或指令

——　BIC　位清除指令

1. MOV 指令

MOV 指令的格式为：

MOV {条件} {S}　　目的寄存器，源操作数

MOV 指令可完成从另一个寄存器、被移位的寄存器或将一个立即数加载到目的寄存器。其中 S 选项决定指令的操作是否影响 CPSR 中条件标志位的值，当没有 S 时指令不更新CPSR 中条件标志位的值。

指令示例：

```
MOV  R1, R0          ；将寄存器 R0 的值传送到寄存器 R1 中
MOV  PC, R14         ；将寄存器 R14 的值传送到 PC，常用于子程序返回
MOV  R1, R0, LSL#3   ；将寄存器 R0 的值左移 3 位后传送到 R1 中
```

2. MVN 指令

MVN 指令的格式为：

MVN {条件} {S}　　目的寄存器，源操作数

MVN 指令可完成从另一个寄存器、被移位的寄存器或将一个立即数加载到目的寄存器中。与 MOV 指令不同之处是在传送之前按位被取反了，即把一个被取反的值传送到目的寄存器中。其中 S 决定指令的操作是否影响 CPSR 中条件标志位的值，当没有 S 时指令不更新CPSR 中条件标志位的值。

指令示例：

```
MVN  R0, #0          ；将立即数 0 取反传送到寄存器 R0 中，完成后 R0 = -1
```

3. CMP 指令

CMP 指令的格式为：

CMP {条件}　　操作数 1，操作数 2

CMP 指令用于把一个寄存器的内容和另一个寄存器的内容或立即数进行比较，同时更新 CPSR 中条件标志位的值。该指令进行一次减法运算，但不存储结果，只更改条件标志位。标志位表示的是操作数 1 与操作数 2 的关系（大、小、相等），例如，当操作数 1 大于操作数 2，则此后的有 GT 后缀的指令将可以执行。

指令示例：

```
CMP  R1, R0          ；将寄存器 R1 的值与寄存器 R0 的值相减，并根据结果设置
                       CPSR 的标志位
CMP  R1, #100        ；将寄存器 R1 的值与立即数 100 相减，并根据结果设置
                       CPSR 的标志位
```

4. CMN 指令

CMN 指令的格式为:

CMN {条件}　　操作数1,操作数2

CMN 指令用于把一个寄存器的内容和另一个寄存器的内容或立即数取反后进行比较,同时更新 CPSR 中条件标志位的值。该指令实际完成操作数1和操作数2相加,并根据结果更改条件标志位。

指令示例:

```
CMN   R1,R0        ;将寄存器 R1 的值与寄存器 R0 的值相加,并根据结果设置
                    CPSR 的标志位
CMN   R1,#100      ;将寄存器 R1 的值与立即数 100 相加,并根据结果设置
                    CPSR 的标志位
```

5. TST 指令

TST 指令的格式为:

TST {条件}　　操作数1,操作数2

TST 指令用于把一个寄存器的内容和另一个寄存器的内容或立即数按位进行与运算,并根据运算结果更新 CPSR 中条件标志位的值。操作数1是要测试的数据,而操作数2是一个位掩码,该指令一般用来检测是否设置了特定的位。

指令示例:

```
TST   R1,0x01      ;用于测试寄存器 R1 的最低位是否为 0
TST   R1,#0xffe    ;将寄存器 R1 的值与立即数 0xffe 按位与,并根据结果设
                    置 CPSR 的标志位
```

6. TEQ 指令

TEQ 指令的格式为:

TEQ {条件}　　操作数1,操作数2

TEQ 指令用于把一个寄存器的内容和另一个寄存器的内容或立即数按位进行异或运算,并根据运算结果更新 CPSR 中条件标志位的值。该指令通常用于比较操作数1和操作数2是否相等。

指令示例:

```
TEQ   R1,R2        ;将寄存器 R1 的值与寄存器 R2 的值按位异或,并根据结果
                    设置 CPSR 的标志位
```

7. ADD 指令

ADD 指令的格式为:

ADD {条件} {S}　　目的寄存器,操作数1,操作数2

ADD 指令用于把两个操作数相加,并将结果存放到目的寄存器中。操作数1应是一个寄存器,操作数2可以是一个寄存器、被移位的寄存器或一个立即数。

指令示例:

```
ADD   R0,R1,R2       ;R0 = R1 + R2
ADD   R0,R1,#256     ;R0 = R1 + 256
ADD   R0,R2,R3,LSL#1 ;R0 = R2 + (R3 << 1)
```

8. ADC 指令

ADC 指令的格式为：

ADC {条件} {S}   目的寄存器，操作数 1，操作数 2

ADC 指令用于把两个操作数相加，再加上 CPSR 中的 C 条件标志位的值，并将结果存放到目的寄存器中。它使用一个进位标志位，这样就可以做比 32 位大的数的加法。注意不要忘记设置 S 后缀来更改进位标志。操作数 1 应是一个寄存器，操作数 2 可以是一个寄存器、被移位的寄存器或一个立即数。

以下指令序列完成两个 128 位数的加法，第一个数由高到低存放在寄存器 R7 ~ R4 中，第二个数由高到低存放在寄存器 R11 ~ R8 中，运算结果由高到低存放在寄存器 R3 ~ R0 中：

```
ADDS  R0，R4，R8          ;加低端的字
ADCS  R1，R5，R9          ;加第二个字，带进位
ADCS  R2，R6，R10         ;加第三个字，带进位
ADC   R3，R7，R11         ;加第四个字，带进位
```

9. SUB 指令

SUB 指令的格式为：

SUB {条件} {S}   目的寄存器，操作数 1，操作数 2

SUB 指令用于把操作数 1 减去操作数 2，并将结果存放到目的寄存器中。操作数 1 应是一个寄存器，操作数 2 可以是一个寄存器、被移位的寄存器或一个立即数。该指令可用于有符号数或无符号数的减法运算。

指令示例：

```
SUB  R0，R1，R2           ;R0 = R1 - R2
SUB  R0，R1，#256         ;R0 = R1 - 256
SUB  R0，R2，R3，LSL#1    ;R0 = R2 - (R3 << 1)
```

10. SBC 指令

SBC 指令的格式为：

SBC {条件} {S}   目的寄存器，操作数 1，操作数 2

SBC 指令用于把操作数 1 减去操作数 2，再减去 CPSR 中的 C 条件标志位的反码，并将结果存放到目的寄存器中。操作数 1 应是一个寄存器，操作数 2 可以是一个寄存器、被移位的寄存器或一个立即数。该指令使用进位标志来表示借位，这样就可以做大于 32 位的减法，注意不要忘记设置 S 后缀来更改进位标志。该指令可用于有符号数或无符号数的减法运算。

指令示例：

```
SUBS  R0，R1，R2                ;R0 = R1 - R2 - !C，并根据结果设置 CPSR 的进位标志位
```

11. RSB 指令

RSB 指令的格式为：

RSB {条件} {S}   目的寄存器，操作数 1，操作数 2

RSB 指令称为逆向减法指令，用于把操作数 2 减去操作数 1，并将结果存放到目的寄存器中。操作数 1 应是一个寄存器，操作数 2 可以是一个寄存器、被移位的寄存器或一个立即数。该指令可用于有符号数或无符号数的减法运算。

指令示例：

```
RSB   R0，R1，R2              ；R0 = R2 - R1
RSB   R0，R1，#256            ；R0 = 256 - R1
RSB   R0，R2，R3，LSL#1       ；R0 = (R3 < < 1) - R2
```

12. RSC 指令

RSC 指令的格式为：

RSC {条件} {S}   目的寄存器，操作数1，操作数2

RSC 指令用于把操作数2减去操作数1，再减去 CPSR 中的 C 条件标志位的反码，并将结果存放到目的寄存器中。操作数1应是一个寄存器，操作数2可以是一个寄存器、被移位的寄存器或一个立即数。该指令使用进位标志来表示借位，这样就可以做大于32位的减法，注意不要忘记设置 S 后缀来更改进位标志。该指令可用于有符号数或无符号数的减法运算。

指令示例：

```
RSC   R0，R1，R2              ；R0 = R2 - R1 - ! C
```

13. AND 指令

AND 指令的格式为：

AND {条件} {S}   目的寄存器，操作数1，操作数2

AND 指令用于在两个操作数上进行逻辑与运算，并把结果放置到目的寄存器中。操作数1应是一个寄存器，操作数2可以是一个寄存器、被移位的寄存器或一个立即数。该指令常用于屏蔽操作数1的某些位。

指令示例：

```
AND   R0，R0，#3              ；该指令保持 R0 的 0、1 位，其余位清零
```

14. ORR 指令

ORR 指令的格式为：

ORR {条件} {S}   目的寄存器，操作数1，操作数2

ORR 指令用于在两个操作数上进行逻辑或运算，并把结果放置到目的寄存器中。操作数1应是一个寄存器，操作数2可以是一个寄存器、被移位的寄存器或一个立即数。该指令常用于设置操作数1的某些位。

指令示例：

```
ORR   R0，R0，#3              ；该指令设置 R0 的 0、1 位，其余位保持不变
```

15. EOR 指令

EOR 指令的格式为：

EOR {条件} {S}   目的寄存器，操作数1，操作数2

EOR 指令用于在两个操作数上进行逻辑异或运算，并把结果放置到目的寄存器中。操作数1应是一个寄存器，操作数2可以是一个寄存器、被移位的寄存器或一个立即数。该指令常用于反转操作数1的某些位。

指令示例：

```
EOR   R0，R0，#3              ；该指令反转 R0 的 0、1 位，其余位保持不变。
```

16. BIC 指令

BIC 指令的格式为：

BIC {条件} {S}   目的寄存器，操作数1，操作数2

BIC 指令用于清除操作数 1 的某些位，并把结果放置到目的寄存器中。操作数 1 应是一个寄存器，操作数 2 可以是一个寄存器、被移位的寄存器或一个立即数。操作数 2 为 32 位的掩码，如果在掩码中设置了某一位，则清除这一位。未设置的掩码位保持不变。

指令示例：

```
BIC  R0，R0，#0x0B        ;该指令清除 R0 中的位 0、1 和 3，其余的位保持不变。
```

3.3.3　乘法指令与乘加指令

ARM 微处理器支持的乘法指令与乘加指令共有 6 条，可分为运算结果为 32 位和运算结果为 64 位两类，与前面的数据处理指令不同，指令中的所有操作数、目的寄存器必须为通用寄存器，不能对操作数使用立即数或被移位的寄存器，同时，目的寄存器和操作数 1 必须是不同的寄存器。

乘法指令与乘加指令共有以下 6 条：

—— MUL　32 位乘法指令

—— MLA　32 位乘加指令

—— SMULL　64 位有符号数乘法指令

—— SMLAL　64 位有符号数乘加指令

—— UMULL　64 位无符号数乘法指令

—— UMLAL　64 位无符号数乘加指令

1. MUL 指令

MUL 指令的格式为：

MUL {条件} {S}　　目的寄存器，操作数 1，操作数 2

MUL 指令完成操作数 1 与操作数 2 的乘法运算，并把结果放置到目的寄存器中，同时可以根据运算结果设置 CPSR 中相应的条件标志位。其中，操作数 1 和操作数 2 均为 32 位的有符号数或无符号数。

指令示例：

```
MUL  R0，R1，R2           ;R0 = R1 × R2
MULS  R0，R1，R2          ;R0 = R1 × R2，同时设置 CPSR 中的相关条件标志位
```

2. MLA 指令

MLA 指令的格式为：

MLA {条件} {S}　　目的寄存器，操作数 1，操作数 2，操作数 3

MLA 指令完成操作数 1 与操作数 2 的乘法运算，再将乘积加上操作数 3，并把结果放置到目的寄存器中，同时可以根据运算结果设置 CPSR 中相应的条件标志位。其中，操作数 1 和操作数 2 均为 32 位的有符号数或无符号数。

指令示例：

```
MLA  R0，R1，R2，R3        ;R0 = R1 × R2 + R3
MLAS  R0，R1，R2，R3       ;R0 = R1 × R2 + R3，同时设置 CPSR 中的相关条件标志位
```

3. SMULL 指令

SMULL 指令的格式为：

SMULL {条件} {S}　　目的寄存器 Low，目的寄存器 High，操作数 1，操作数 2

SMULL 指令完成操作数 1 与操作数 2 的乘法运算，并把结果的低 32 位放置到目的寄存器 Low 中，结果的高 32 位放置到目的寄存器 High 中，同时可以根据运算结果设置 CPSR 中相应的条件标志位。其中，操作数 1 和操作数 2 均为 32 位的有符号数。

指令示例：

```
SMULL  R0, R1, R2, R3    ; R0 = (R2 × R3) 的低 32 位
                         ; R1 = (R2 × R3) 的高 32 位
```

4. SMLAL 指令

SMLAL 指令的格式为：

SMLAL {条件} {S}   目的寄存器 Low，目的寄存器 High，操作数 1，操作数 2

SMLAL 指令完成操作数 1 与操作数 2 的乘法运算，并把结果的低 32 位同目的寄存器 Low 中的值相加后又放置到目的寄存器 Low 中，结果的高 32 位同目的寄存器 High 中的值相加后又放置到目的寄存器 High 中，同时可以根据运算结果设置 CPSR 中相应的条件标志位。其中，操作数 1 和操作数 2 均为 32 位的有符号数。

对于目的寄存器 Low，在指令执行前存放 64 位加数的低 32 位，指令执行后存放结果的低 32 位。

对于目的寄存器 High，在指令执行前存放 64 位加数的高 32 位，指令执行后存放结果的高 32 位。

指令示例：

```
SMLAL  R0, R1, R2, R3    ; R0 = (R2 × R3) 的低 32 位 + R0
                         ; R1 = (R2 × R3) 的高 32 位 + R1
```

5. UMULL 指令

UMULL 指令的格式为：

UMULL {条件} {S}   目的寄存器 Low，目的寄存器 High，操作数 1，操作数 2

UMULL 指令完成操作数 1 与操作数 2 的乘法运算，并把结果的低 32 位放置到目的寄存器 Low 中，结果的高 32 位放置到目的寄存器 High 中，同时可以根据运算结果设置 CPSR 中相应的条件标志位。其中，操作数 1 和操作数 2 均为 32 位的无符号数。

指令示例：

```
UMULL  R0, R1, R2, R3    ; R0 = (R2 × R3) 的低 32 位
                         ; R1 = (R2 × R3) 的高 32 位
```

6. UMLAL 指令

UMLAL 指令的格式为：

UMLAL {条件} {S}   目的寄存器 Low，目的寄存器 High，操作数 1，操作数 2

UMLAL 指令完成操作数 1 与操作数 2 的乘法运算，并把结果的低 32 位同目的寄存器 Low 中的值相加后又放置到目的寄存器 Low 中，结果的高 32 位同目的寄存器 High 中的值相加后又放置到目的寄存器 High 中，同时可以根据运算结果设置 CPSR 中相应的条件标志位。其中，操作数 1 和操作数 2 均为 32 位的无符号数。

对于目的寄存器 Low，在指令执行前存放 64 位加数的低 32 位，指令执行后存放结果的低 32 位。

对于目的寄存器 High，在指令执行前存放 64 位加数的高 32 位，指令执行后存放结果的

高 32 位。

指令示例：

```
UMLAL  R0 , R1 , R2 , R3   ; R0 = (R2 × R3) 的低 32 位 + R0
                            ; R1 = (R2 × R3) 的高 32 位 + R1
```

3.3.4 程序状态寄存器访问指令

ARM 微处理器支持程序状态寄存器访问指令，用于在程序状态寄存器和通用寄存器之间传送数据，程序状态寄存器访问指令包括以下两条：

—— MRS　程序状态寄存器到通用寄存器的数据传送指令

—— MSR　通用寄存器到程序状态寄存器的数据传送指令

1. MRS 指令

MRS 指令的格式为：

MRS｛条件｝　通用寄存器，程序状态寄存器（CPSR 或 SPSR）

MRS 指令用于将程序状态寄存器的内容传送到通用寄存器中。该指令一般用在以下几种情况：

（1）当需要改变程序状态寄存器的内容时，可用 MRS 将程序状态寄存器的内容读入通用寄存器，修改后再写回程序状态寄存器。

（2）当异常处理或进程切换时，需要保存程序状态寄存器的值，可先用该指令读出程序状态寄存器的值，然后保存。

指令示例：

```
MRS  R0 , CPSR           ; 传送 CPSR 的内容到 R0
MRS  R0 , SPSR           ; 传送 SPSR 的内容到 R0
```

2. MSR 指令

MSR 指令的格式为：

MSR｛条件｝　程序状态寄存器（CPSR 或 SPSR）＿ < 域 >，操作数

MSR 指令用于将操作数的内容传送到程序状态寄存器的特定域中。其中，操作数可以为通用寄存器或立即数。< 域 > 用于设置程序状态寄存器中需要操作的位，32 位的程序状态寄存器可分为 4 个域：

位 [31：24] 为条件标志位域，用 f 表示；

位 [23：16] 为状态位域，用 s 表示；

位 [15：8] 为扩展位域，用 x 表示；

位 [7：0] 为控制位域，用 c 表示。

该指令通常用于恢复或改变程序状态寄存器的内容，在使用时，一般要在 MSR 指令中指明将要操作的域。

指令示例：

```
MSR  CPSR , R0           ; 传送 R0 的内容到 CPSR
MSR  SPSR , R0           ; 传送 R0 的内容到 SPSR
MSR  CPSR_ c , R0        ; 传送 R0 的内容到 SPSR，但仅仅修改 CPSR 中的控制位域
```

3.3.5 加载/存储指令

ARM 微处理器支持加载/存储指令用于在寄存器和存储器之间传送数据。加载指令用于将存储器中的数据传送到寄存器，存储指令则完成相反的操作。常用的加载/存储指令如下：

—— LDR 字数据加载指令
—— LDRB 字节数据加载指令
—— LDRH 半字数据加载指令
—— STR 字数据存储指令
—— STRB 字节数据存储指令
—— STRH 半字数据存储指令

1. LDR 指令

LDR 指令的格式为：

LDR {条件}　目的寄存器，<存储器地址>

LDR 指令用于从存储器中将一个 32 位的字数据传送到目的寄存器中。该指令通常用于从存储器中读取 32 位的字数据到通用寄存器，然后对数据进行处理。当程序计数器 PC 作为目的寄存器时，指令从存储器中读取的字数据被当作目的地址，从而可以实现程序流程的跳转。该指令在程序设计中比较常用，且寻址方式灵活多样，请读者认真掌握。

指令示例：

```
LDR    R0, [R1]              ; 将存储器地址为 R1 的字数据读入寄存器 R0
LDR    R0, [R1, R2]          ; 将存储器地址为 R1 + R2 的字数据读入寄存器 R0
LDR    R0, [R1, #8]          ; 将存储器地址为 R1 + 8 的字数据读入寄存器 R0
LDR    R0, [R1, R2]!         ; 将存储器地址为 R1 + R2 的字数据读入寄存器 R0，
                               并将新地址 R1 + R2 写入 R1
LDR    R0, [R1, #8]!         ; 将存储器地址为 R1 + 8 的字数据读入寄存器 R0，并
                               将新地址 R1 + 8 写入 R1
LDR    R0, [R1], R2          ; 将存储器地址为 R1 的字数据读入寄存器 R0，并将
                               新地址 R1 + R2 写入 R1
LDR    R0, [R1, R2, LSL#2]!  ; 将存储器地址为 R1 + R2 ×4 的字数据读入寄存器
                               R0，并将新地址 R1 + R2 ×4 写入 R1
LDR    R0, [R1], R2, LSL#2   ; 将存储器地址为 R1 的字数据读入寄存器 R0，并将
                               新地址 R1 + R2 ×4 写入 R1
```

2. LDRB 指令

LDRB 指令的格式为：

LDR {条件} B　目的寄存器，<存储器地址>

LDRB 指令用于从存储器中将一个 8 位的字节数据传送到目的寄存器中，同时将寄存器的高 24 位清零。该指令通常用于从存储器中读取 8 位的字节数据到通用寄存器，然后对数据进行处理。当程序计数器 PC 作为目的寄存器时，指令从存储器中读取的字数据被当作目的地址，从而可以实现程序流程的跳转。

指令示例：

LDRB   R0，[R1]   ；将存储器地址为 R1 的字节数据读入寄存器 R0，并将 R0
                                的高 24 位清零

LDRB   R0，[R1，#8]   ；将存储器地址为 R1 +8 的字节数据读入寄存器 R0，并将
                                R0 的高 24 位清零

3. LDRH 指令

LDRH 指令的格式为：

LDR {条件} H   目的寄存器，<存储器地址>

LDRH 指令用于从存储器中将一个 16 位的半字数据传送到目的寄存器中，同时将寄存器的高 16 位清零。该指令通常用于从存储器中读取 16 位的半字数据到通用寄存器，然后对数据进行处理。当程序计数器 PC 作为目的寄存器时，指令从存储器中读取的字数据被当作目的地址，从而可以实现程序流程的跳转。

指令示例：

LDRH   R0，[R1]   ；将存储器地址为 R1 的半字数据读入寄存器 R0，并将 R0
                                的高 16 位清零

LDRH   R0，[R1，#8]   ；将存储器地址为 R1 +8 的半字数据读入寄存器 R0，并将
                                R0 的高 16 位清零

LDRH   R0，[R1，R2]   ；将存储器地址为 R1 +R2 的半字数据读入寄存器 R0，并
                                将 R0 的高 16 位清零

4. STR 指令

STR 指令的格式为：

STR {条件}   源寄存器，<存储器地址>

STR 指令用于从源寄存器中将一个 32 位的字数据传送到存储器中。该指令在程序设计中比较常用，且寻址方式灵活多样，使用方式可参考指令 LDR。

指令示例：

STR R0，[R1]，#8   ；将 R0 中的字数据写入以 R1 为地址的存储器中，并将新
                                地址 R1 +8 写入 R1

STR R0，[R1，#8]   ；将 R0 中的字数据写入以 R1 +8 为地址的存储器中

5. STRB 指令

STRB 指令的格式为：

STR {条件} B   源寄存器，<存储器地址>

STRB 指令用于从源寄存器中将一个 8 位的字节数据传送到存储器中。该字节数据为源寄存器中的低 8 位。

指令示例：

STRB   R0，[R1]   ；将寄存器 R0 中的字节数据写入以 R1 为地址的存储器中

STRB   R0，[R1，#8]   ；将寄存器 R0 中的字节数据写入以 R1 +8 为地址的存储器中

6. STRH 指令

STRH 指令的格式为：

STR {条件} H   源寄存器，<存储器地址>

STRH 指令用于从源寄存器中将一个 16 位的半字数据传送到存储器中。该半字数据为源寄存器中的低 16 位。

指令示例：

```
STRH    R0，[R1]          ；将寄存器 R0 中的半字数据写入以 R1 为地址的存储器中
STRH    R0，[R1，#8]      ；将寄存器 R0 中的半字数据写入以 R1 +8 为地址的存储器中
```

3.3.6 批量数据加载/存储指令

ARM 微处理器所支持的批量数据加载/存储指令可以一次在一片连续的存储器单元和多个寄存器之间传送数据，批量数据加载指令用于将一片连续的存储器中的数据传送到多个寄存器，批量数据存储指令则完成相反的操作。常用的批量数据加载/存储指令如下：

—— LDM   批量数据加载指令

—— STM   批量数据存储指令

LDM（或 STM）指令的格式为：

LDM（或 STM）｛条件｜｛类型｝ 基址寄存器｛!｝，寄存器列表｛^｝

LDM（或 STM）指令用于从由基址寄存器所指示的一片连续存储器到寄存器列表所指示的多个寄存器之间传送数据，该指令的常见用途是将多个寄存器的内容入栈或出栈。其中，｛类型｝为以下几种情况：

IA   每次传送后地址加 1；

IB   每次传送前地址加 1；

DA   每次传送后地址减 1；

DB   每次传送前地址减 1；

FD   满递减堆栈；

ED   空递减堆栈；

FA   满递增堆栈；

EA   空递增堆栈。

｛!｝为可选后缀，若选用该后缀，则当数据传送完毕之后，将最后的地址写入基址寄存器，否则基址寄存器的内容不改变。例如：LDMFD R13!，｛R0 – R12，PC｝∧；出栈。

基址寄存器不允许为 R15，寄存器列表可以为 R0 ~ R15 的任意组合。

｛^｝为可选后缀，当指令为 LDM 且寄存器列表中包含 R15，选用该后缀时表示：除了正常的数据传送之外，还将 SPSR 复制到 CPSR。同时，该后缀还表示传入或传出的是用户模式下的寄存器，而不是当前模式下的寄存器。

指令示例：

```
STMFD   R13!，｛R0，R4 – R12，LR｝    ；将寄存器列表中的寄存器（R0，R4 到
                                          R12，LR）内容存入堆栈
LDMFD   R13!，｛R0，R4 – R12，PC｝    ；将堆栈内容恢复到寄存器（R0，R4 到
                                          R12，PC)
```

3.3.7 数据交换指令

ARM 微处理器所支持数据交换指令能在存储器和寄存器之间交换数据。数据交换指令

有以下两条：

—— SWP 字数据交换指令

—— SWPB 字节数据交换指令

1. SWP 指令

SWP 指令的格式为：

SWP ｛条件｝　目的寄存器，源寄存器 1，［源寄存器 2］

SWP 指令用于将源寄存器 2 所指向的存储器中的字数据传送到目的寄存器中，同时将源寄存器 1 中的字数据传送到源寄存器 2 所指向的存储器中。显然，当源寄存器 1 和目的寄存器为同一个寄存器时，指令交换该寄存器和存储器的内容。

指令示例：

SWP　R0，R1，［R2］　　　；将 R2 所指向的存储器中的字数据传送到 R0，同时将
　　　　　　　　　　　　　　　R1 中的字数据传送到 R2 所指向的存储单元

SWP　R0，R0，［R1］　　　；该指令完成将 R1 所指向的存储器中的字数据与 R0 中
　　　　　　　　　　　　　　　的字数据交换

2. SWPB 指令

SWPB 指令的格式为：

SWP ｛条件｝B　目的寄存器，源寄存器 1，［源寄存器 2］

SWPB 指令用于将源寄存器 2 所指向的存储器中的字节数据传送到目的寄存器中，目的寄存器的高 24 位清零，同时将源寄存器 1 中的字节数据传送到源寄存器 2 所指向的存储器中。显然，当源寄存器 1 和目的寄存器为同一个寄存器时，指令交换该寄存器和存储器的内容。

指令示例：

SWPB　R0，R1，［R2］　　　；将 R2 所指向的存储器中的字节数据传送到 R0，R0
　　　　　　　　　　　　　　　的高 24 位清零，同时将 R1 中的低 8 位数据传送到
　　　　　　　　　　　　　　　R2 所指向的存储单元

SWPB　R0，R0，［R1］　　　；该指令完成将 R1 所指向的存储器中的字节数据与
　　　　　　　　　　　　　　　R0 中的低 8 位数据交换

3.3.8　移位指令（操作）

ARM 微处理器内嵌的桶型移位器（Barrel Shifter），支持数据的各种移位操作，移位操作在 ARM 指令集中不作为单独的指令使用，它只能作为指令格式中一个字段，在汇编语言中表示为指令中的选项。例如，数据处理指令的第二个操作数为寄存器时，就可以加入移位操作选项对它进行各种移位操作。移位操作包括以下 6 种类型，ASL 和 LSL 是等价的，可以自由互换：

—— LSL 逻辑左移

—— ASL 算术左移

—— LSR 逻辑右移

—— ASR 算术右移

—— ROR 循环右移

—— RRX 带扩展的循环右移

1. LSL（或 ASL）操作

LSL（或 ASL）操作的格式为：

通用寄存器，LSL（或 ASL）操作数

LSL（或 ASL）可完成对通用寄存器中的内容进行逻辑（或算术）的左移操作，按操作数所指定的数量向左移位，低位用零来填充。其中，操作数可以是通用寄存器，也可以是立即数(0~31)。

操作示例：

```
MOV  R0,R1,LSL#2        ;将R1中的内容左移两位后传送到R0中
```

2. LSR 操作

LSR 操作的格式为：

通用寄存器，LSR 操作数

LSR 可完成对通用寄存器中的内容进行右移的操作，按操作数所指定的数量向右移位，左端用零来填充。其中，操作数可以是通用寄存器，也可以是立即数（0~31）。

操作示例：

```
MOV  R0,R1,LSR#2        ;将R1中的内容右移两位后传送到R0中，左端用零
                         来填充
```

3. ASR 操作

ASR 操作的格式为：

通用寄存器，ASR 操作数

ASR 可完成对通用寄存器中的内容进行右移的操作，按操作数所指定的数量向右移位，左端用第31位的值来填充。其中，操作数可以是通用寄存器，也可以是立即数（0~31）。

操作示例：

```
MOV  R0,R1,ASR#2        ;将R1中的内容右移两位后传送到R0中，左端用第
                         31位的值来填充
```

4. ROR 操作

ROR 操作的格式为：

通用寄存器，ROR 操作数

ROR 可完成对通用寄存器中的内容进行循环右移的操作，按操作数所指定的数量向右循环移位，左端用右端移出的位来填充。其中，操作数可以是通用寄存器，也可以是立即数（0~31）。显然，当进行32位的循环右移操作时，通用寄存器中的值不改变。

操作示例：

```
MOV  R0,R1,ROR#2        ;将R1中的内容循环右移两位后传送到R0中
```

5. RRX 操作

RRX 操作的格式为：

通用寄存器，RRX 操作数

RRX 可完成对通用寄存器中的内容进行带扩展的循环右移的操作，按操作数所指定的数量向右循环移位，左端用进位标志位 C 来填充。其中，操作数可以是通用寄存器，也可以是立即数（0~31）。

操作示例:

```
MOV  R0,R1,RRX#2        ;将 R1 中的内容进行带扩展的循环右移两位后传送
                         到 R0 中
```

3.3.9 协处理器指令

ARM 微处理器可支持多达 16 个协处理器,用于各种协处理操作,在程序执行的过程中,每个协处理器只执行针对自身的协处理指令,忽略 ARM 处理器和其他协处理器的指令。

ARM 的协处理器指令主要用于 ARM 处理器初始化、ARM 协处理器的数据处理操作、在 ARM 处理器的寄存器和协处理器的寄存器之间传送数据以及在 ARM 协处理器的寄存器和存储器之间传送数据。ARM 协处理器指令包括以下 5 条:

—— CDP   协处理器数据操作指令
—— LDC   协处理器数据加载指令
—— STC   协处理器数据存储指令
—— MCR   ARM 处理器寄存器到协处理器寄存器的数据传送指令
—— MRC   协处理器寄存器到 ARM 处理器寄存器的数据传送指令

1. CDP 指令

CDP 指令的格式为:

CDP﹛条件﹜   协处理器编码,协处理器操作码 1,目的寄存器,源寄存器 1,源寄存器 2,协处理器操作码 2

CDP 指令用于 ARM 处理器通知 ARM 协处理器执行特定的操作,若协处理器不能成功完成特定的操作,则产生未定义指令异常。其中协处理器操作码 1 和协处理器操作码 2 为协处理器将要执行的操作,目的寄存器和源寄存器均为协处理器的寄存器,指令不涉及 ARM 处理器的寄存器和存储器。

指令示例:

```
CDP  P3,2,C12,C10,C3,4     ;该指令完成协处理器 P3 的初始化
```

2. LDC 指令

LDC 指令的格式为:

LDC﹛条件﹜﹛L﹜   协处理器编码,目的寄存器,[源寄存器]

LDC 指令用于将源寄存器所指向的存储器中的字数据传送到目的寄存器中,若协处理器不能成功完成传送操作,则产生未定义指令异常。其中,﹛L﹜选项表示指令为长读取操作,如用于双精度数据的传输。

指令示例:

```
LDC  P3,C4,[R0]          ;将 ARM 处理器的寄存器 R0 所指向的存储器中的字
                          数据传送到协处理器 P3 的寄存器 C4 中
```

3. STC 指令

STC 指令的格式为:

STC﹛条件﹜﹛L﹜   协处理器编码,源寄存器,[目的寄存器]

STC 指令用于将源寄存器中的字数据传送到目的寄存器所指向的存储器中,若协处理器不能成功完成传送操作,则产生未定义指令异常。其中,﹛L﹜选项表示指令为长读取操作,如用于双精度数据的传输。

指令示例：

STC　P3，C4，[R0]　　　　　　　；将协处理器 P3 的寄存器 C4 中的字数据传送到
　　　　　　　　　　　　　　　　　　　ARM 处理器的寄存器 R0 所指向的存储器中

4. MCR 指令

MCR 指令的格式为：

MCR {条件}　协处理器编码，协处理器操作码 1，源寄存器，目的寄存器 1，目的寄存器 2，协处理器操作码 2

MCR 指令用于将 ARM 处理器寄存器中的数据传送到协处理器寄存器中，若协处理器不能成功完成操作，则产生未定义指令异常。其中协处理器操作码 1 和协处理器操作码 2 为协处理器将要执行的操作，源寄存器为 ARM 处理器的寄存器，目的寄存器 1 和目的寄存器 2 均为协处理器的寄存器。

指令示例：

MCR　P3，3，R0，C4，C5，6　；该指令将 ARM 处理器寄存器 R0 中的数据传送到协
　　　　　　　　　　　　　　　　　处理器 P3 的寄存器 C4 和 C5 中

5. MRC 指令

MRC 指令的格式为：

MRC {条件}　协处理器编码，协处理器操作码 1，目的寄存器，源寄存器 1，源寄存器 2，协处理器操作码 2

MRC 指令用于将协处理器寄存器中的数据传送到 ARM 处理器寄存器中，若协处理器不能成功完成操作，则产生未定义指令异常。其中协处理器操作码 1 和协处理器操作码 2 为协处理器将要执行的操作，目的寄存器为 ARM 处理器的寄存器，源寄存器 1 和源寄存器 2 均为协处理器的寄存器。

指令示例：

MRC　P3，3，R0，C4，C5，6　；该指令将协处理器 P3 的寄存器中的数据传送到
　　　　　　　　　　　　　　　　　ARM 处理器寄存器中

3.3.10　异常产生指令

ARM 微处理器所支持的异常产生指令有以下两条：

——　SWI　软件中断指令

——　BKPT　断点中断指令

1. SWI 指令

SWI 指令的格式为：

SWI {条件}　24 位的立即数

SWI 指令用于产生软件中断，以便用户程序能调用操作系统的系统例程。操作系统在 SWI 的异常处理程序中提供相应的系统服务，指令中 24 位的立即数指定用户程序调用系统例程的类型，相关参数通过通用寄存器传递，当指令中 24 位的立即数被忽略时，用户程序调用系统例程的类型由通用寄存器 R0 的内容决定，同时，参数通过其他通用寄存器传递。

指令示例：

SWI　0x02　　　　　　　　　　　　；该指令调用操作系统编号为 02 的系统例程

2. BKPT 指令

BKPT 指令的格式为：

BKPT　16 位的立即数

BKPT 指令产生软件断点中断，可用于程序的调试。

3.3.11　ARM 伪指令

在 ARM 的汇编程序中，有以下几种伪指令：符号定义伪指令、数据定义伪指令、汇编控制伪指令、宏指令以及其他伪指令。

（一）符号定义伪指令

符号定义伪指令用于定义 ARM 汇编程序中的变量、对变量赋值以及定义寄存器的别名等操作。

常见的符号定义伪指令有以下几种：

—— GBLA 、GBLL 和 GBLS　用于定义全局变量

—— LCLA 、LCLL 和 LCLS　用于定义局部变量

—— SETA 、SETL 和 SETS　用于对变量赋值

—— RLIST　为通用寄存器列表定义名称

1. GBLA、GBLL 和 GBLS

语法格式：

GBLA（GBLL 或 GBLS）　全局变量名

GBLA、GBLL 和 GBLS 伪指令用于定义一个 ARM 程序中的全局变量，并将其初始化。其中：

GBLA 伪指令用于定义一个全局的数字变量，并初始化为 0；

GBLL 伪指令用于定义一个全局的逻辑变量，并初始化为 F（假）；

GBLS 伪指令用于定义一个全局的字符串变量，并初始化为空。

由于以上 3 条伪指令用于定义全局变量，因此在整个程序范围内变量名必须唯一。

使用示例：

```
GBLA Test1              ；定义一个全局的数字变量，变量名为 Test1
Test1 SETA 0xaa         ；将该变量赋值为 0xaa
GBLL Test2              ；定义一个全局的逻辑变量，变量名为 Test2
Test2 SETL             ；将该变量赋值为真
GBLS Test3              ；定义一个全局的字符串变量，变量名为 Test3
Test3 SETS "Testing"    ；将该变量赋值为 "Testing"
```

2. LCLA、LCLL 和 LCLS

语法格式：

LCLA（LCLL 或 LCLS）　局部变量名

LCLA、LCLL 和 LCLS 伪指令用于定义一个 ARM 程序中的局部变量，并将其初始化。其中：

LCLA 伪指令用于定义一个局部的数字变量，并初始化为 0；

LCLL 伪指令用于定义一个局部的逻辑变量，并初始化为 F（假）；

LCLS 伪指令用于定义一个局部的字符串变量，并初始化为空。

以上 3 条伪指令用于声明局部变量，在其作用范围内变量名必须唯一。

使用示例：

```
LCLA Test4              ; 声明一个局部的数字变量，变量名为 Test4
Test4 SETA 0xaa         ; 将该变量赋值为 0xaa
LCLL Test5              ; 声明一个局部的逻辑变量，变量名为 Test5
Test5 SETL              ; 将该变量赋值为真
LCLS Test6              ; 定义一个局部的字符串变量，变量名为 Test6
Test6 SETS "Testing"    ; 将该变量赋值为 "Testing"
```

3. SETA、SETL 和 SETS

语法格式：

变量名 SETA（SETL 或 SETS）　表达式

伪指令 SETA、SETL、SETS 用于给一个已经定义的全局变量或局部变量赋值。

SETA 伪指令用于给一个数字变量赋值；

SETL 伪指令用于给一个逻辑变量赋值；

SETS 伪指令用于给一个字符串变量赋值。

其中，变量名为已经定义过的全局变量或局部变量，表达式为将要赋给变量的值。

使用示例：

```
LCLA Test3              ; 声明一个局部的数字变量，变量名为 Test3
Test3 SETA 0xaa         ; 将该变量赋值为 0xaa
LCLL Test4              ; 声明一个局部的逻辑变量，变量名为 Test4
Test4 SETL              ; 将该变量赋值为真
```

4. RLIST

语法格式：

名称 RLIST｛寄存器列表｝

RLIST 伪指令可用于对一个通用寄存器列表定义名称，使用该伪指令定义的名称可在 ARM 指令 LDM/STM 中使用。在 LDM/STM 指令中，列表中的寄存器访问次序为根据寄存器的编号由低到高，而与列表中的寄存器排列次序无关。

使用示例：

```
RegList RLIST｛R0 - R5，R8，R10｝    ; 将寄存器列表名称定义为 RegList，可
                                    在 ARM 指令 LDM/STM 中通过该名称访问
                                    寄存器列表
```

（二）数据定义伪指令

数据定义伪指令一般用于为特定的数据分配存储单元，同时可完成已分配存储单元的初始化。

常见的数据定义伪指令有以下几种：

—— DCB　用于分配一片连续的字节存储单元并用指定的数据初始化

—— DCW（DCWU）　用于分配一片连续的半字存储单元并用指定的数据初始化

—— DCD（DCDU）　用于分配一片连续的字存储单元并用指定的数据初始化

—— DCFD（DCFDU） 用于为双精度的浮点数分配一片连续的字存储单元并用指定的数据初始化

—— DCFS（DCFSU） 用于为单精度的浮点数分配一片连续的字存储单元并用指定的数据初始化

—— DCQ（DCQU） 用于分配一片以 8 字节为单位的连续的存储单元并用指定的数据初始化

—— SPACE 用于分配一片连续的存储单元

—— MAP 用于定义一个结构化的内存表首地址

—— FIELD 用于定义一个结构化的内存表的数据域

1. DCB

语法格式：

标号 DCB 表达式

DCB 伪指令用于分配一片连续的字节存储单元并用伪指令中指定的表达式初始化。其中，表达式可以为 0 ~ 255 的数字或字符串。DCB 也可用 "＝" 代替。

使用示例：

Str DCB "This is a test !"   ；分配一片连续的字节存储单元并初始化

2. DCW（或 DCWU）

语法格式：

标号 DCW（或 DCWU） 表达式

DCW（或 DCWU）伪指令用于分配一片连续的半字存储单元并用伪指令中指定的表达式初始化。其中，表达式可以为程序标号或数字表达式。

用 DCW 分配的字存储单元是半字对齐的，而用 DCWU 分配的字存储单元并不严格半字对齐。

使用示例：

DataTest DCW 1, 2, 3   ；分配一片连续的半字存储单元并初始化

3. DCD（或 DCDU）

语法格式：

标号 DCD（或 DCDU） 表达式

DCD（或 DCDU）伪指令用于分配一片连续的字存储单元并用伪指令中指定的表达式初始化。其中，表达式可以为程序标号或数字表达式。DCD 也可用 "&" 代替。

用 DCD 分配的字存储单元是字对齐的，而用 DCDU 分配的字存储单元并不严格字对齐。

使用示例：

DataTest DCD 4, 5, 6   ；分配一片连续的字存储单元并初始化

4. DCFD（或 DCFDU）

语法格式：

标号 DCFD（或 DCFDU） 表达式

DCFD（或 DCFDU）伪指令用于为双精度的浮点数分配一片连续的字存储单元并用伪指令中指定的表达式初始化。每个双精度的浮点数占据两个字单元。用 DCFD 分配的字存储单元是字对齐的，而用 DCFDU 分配的字存储单元并不严格字对齐。

使用示例：

```
FDataTest DCFD 2E115， -5E7      ；分配一片连续的字存储单元并初始化为指定的
                                  双精度数
```

5. DCFS（或 DCFSU）

语法格式：

标号　DCFS（或 DCFSU）　　表达式

DCFS（或 DCFSU）伪指令用于为单精度的浮点数分配一片连续的字存储单元并用伪指令中指定的表达式初始化。每个单精度的浮点数占据一个字单元。用 DCFS 分配的字存储单元是字对齐的，而用 DCFSU 分配的字存储单元并不严格字对齐。

使用示例：

```
FDataTest DCFS 2E5， -5E-7      ；分配一片连续的字存储单元并初始化为指定的
                                  单精度数
```

6. DCQ（或 DCQU）

语法格式：

标号　DCQ（或 DCQU）　　表达式

DCQ（或 DCQU）伪指令用于分配一片以 8 个字节为单位的连续存储区域并用伪指令中指定的表达式初始化。

用 DCQ 分配的存储单元是字对齐的，而用 DCQU 分配的存储单元并不严格字对齐。

使用示例：

```
DataTest DCQ 100                ；分配一片连续的存储单元并初始化为指定的值
```

7. SPACE

语法格式：

标号　SPACE　表达式

SPACE 伪指令用于分配一片连续的存储区域并初始化为 0。其中，表达式为要分配的字节数。

SPACE 也可用"%"代替。

使用示例：

```
DataSpace SPACE 100             ；分配连续 100 字节的存储单元并初始化为 0
```

8. MAP

语法格式：

MAP　表达式 {，基址寄存器}

MAP 伪指令用于定义一个结构化的内存表的首地址。MAP 也可用"^"代替。

表达式可以为程序中的标号或数学表达式，基址寄存器为可选项，当基址寄存器选项不存在时，表达式的值即为内存表的首地址，当该选项存在时，内存表的首地址为表达式的值与基址寄存器值的和。

MAP 伪指令通常与 FIELD 伪指令配合使用来定义结构化的内存表。

使用示例：

```
MAP 0x100, R0                   ；定义结构化内存表首地址的值为 0x100 + R0
```

9. FIELD

语法格式：

标号 FIELD 表达式

FIELD 伪指令用于定义一个结构化内存表中的数据域。FIELD 也可用"#"代替。表达式的值为当前数据域在内存表中所占的字节数。

FIELD 伪指令常与 MAP 伪指令配合使用来定义结构化的内存表。MAP 伪指令定义内存表的首地址，FIELD 伪指令定义内存表中的各个数据域，并可以为每个数据域指定一个标号供其他的指令引用。

注意：MAP 和 FIELD 伪指令仅用于定义数据结构，并不实际分配存储单元。

使用示例：

```
MAP 0x100                    ; 定义结构化内存表首地址的值为 0x100
A FIELD 16                   ; 定义 A 的长度为 16 字节，位置为 0x100
B FIELD 32                   ; 定义 B 的长度为 32 字节，位置为 0x110
S FIELD 256                  ; 定义 S 的长度为 256 字节，位置为 0x130
```

（三）汇编控制（Assembly Control）伪指令

汇编控制伪指令用于控制汇编程序的执行流程，常用的汇编控制伪指令包括以下几条：

—— IF、ELSE、ENDIF

—— WHILE、WEND

1. IF、ELSE、ENDIF

语法格式：

IF 逻辑表达式

指令序列 1

ELSE

指令序列 2

ENDIF

IF、ELSE、ENDIF 伪指令能根据条件的成立与否决定是否执行某个指令序列。当 IF 后面的逻辑表达式为真，则执行指令序列 1，否则执行指令序列 2。其中，ELSE 及指令序列 2 可以没有，此时，当 IF 后面的逻辑表达式为真，则执行指令序列 1，否则继续执行后面的指令。

IF、ELSE、ENDIF 伪指令可以嵌套使用。

使用示例：

```
GBLL Test                    ; 声明一个全局的逻辑变量，变量名为 Test
IF Test = TRUE
指令序列 1
ELSE
指令序列 2
ENDIF
```

2. WHILE、WEND

语法格式：

WHILE 逻辑表达式

指令序列

WEND

WHILE、WEND 伪指令能根据条件的成立与否决定是否循环执行某个指令序列。当 WHILE 后面的逻辑表达式为真，则执行指令序列，该指令序列执行完毕后，再判断逻辑表达式的值，若为真则继续执行，一直到逻辑表达式的值为假。

WHILE、WEND 伪指令可以嵌套使用。

使用示例：

GBLA Counter   ; 声明一个全局的数字变量，变量名为 Counter

Counter SETA 3   ; 由变量 Counter 控制循环次数

…

WHILE Counter < 10

指令序列

WEND

（四）宏指令

常用的宏指令有以下几种：

—— MACRO、MEND

—— MEXIT

1. MACRO、MEND

语法格式：

MYM 标号 宏名 MYM 参数 1，MYM 参数 2，……

指令序列

MEND

MACRO、MEND 伪指令可以将一段代码定义为一个整体，称为宏指令，然后就可以在程序中通过宏指令多次调用该段代码。其中，MYM 标号在宏指令被展开时，标号会被替换为用户定义的符号，宏指令可以使用一个或多个参数，当宏指令被展开时，这些参数被相应的值替换。

宏指令的使用方式和功能与子程序有些相似，子程序可以提供模块化的程序设计、节省存储空间并提高运行速度。但在使用子程序结构时需要保护现场，从而增加了系统的开销，因此，在代码较短且需要传递的参数较多时，可以使用宏指令代替子程序。

包含在 MACRO 和 MEND 之间的指令序列称为宏定义体，在宏定义体的第一行应声明宏的原型（包含宏名、所需的参数），然后就可以在汇编程序中通过宏名来调用该指令序列。在源程序被编译时，汇编器将宏调用展开，用宏定义中的指令序列代替程序中的宏调用，并将实际参数的值传递给宏定义中的形式参数。

MACRO、MEND 伪指令可以嵌套使用。

2. MEXIT

语法格式：

MEXIT

MEXIT 用于从宏定义中跳转出去。

（五）其他常用的伪指令

还有一些其他的伪指令，在汇编程序中经常会被使用，包括以下几条：

—— AREA

—— ALIGN

—— CODE16、CODE32

—— ENTRY

—— END

—— EQU

—— EXPORT（或 GLOBAL）

—— IMPORT

—— EXTERN

—— GET（或 INCLUDE）

—— INCBIN

—— RN

—— ROUT

1. AREA

语法格式：

AREA　段名　属性1，属性2，…

AREA 伪指令用于定义一个代码段或数据段。其中，段名若以数字开头，则该段名需用"｜"括起来，如｜1_ test｜。

属性字段表示该代码段（或数据段）的相关属性，多个属性用逗号分隔。常用的属性如下：

—— CODE 属性：用于定义代码段，默认为 READONLY。

—— DATA 属性：用于定义数据段，默认为 READWRITE。

—— READONLY 属性：指定本段为只读，代码段默认为 READONLY。

—— READWRITE 属性：指定本段为可读可写，数据段的默认属性为 READWRITE。

—— ALIGN 属性：使用方式为 ALIGN 表达式。在默认时，ELF（可执行连接文件）的代码段和数据段是按字对齐的，表达式的取值范围为 0~31，相应的对齐方式为 2 的表达式次方。

—— COMMON 属性：该属性定义一个通用的段，不包含任何的用户代码和数据。各源文件中同名的 COMMON 段共享同一段存储单元。

一个汇编语言程序至少要包含一个段，当程序太长时，也可以将程序分为多个代码段和数据段。

使用示例：

```
AREA  Init, CODE, READONLY
```

该伪指令定义了一个代码段，段名为 Init，属性为只读。

2. ALIGN

语法格式：

ALIGN　｛表达式｛，偏移量｝｝

ALIGN 伪指令可通过添加填充字节的方式，使当前位置满足一定的对齐方式。其中，表达式的值用于指定对齐方式，可能的取值为 2 的幂，如 1、2、4、8、16 等。若未指定表达式，则将当前位置对齐到下一个字的位置。偏移量也为一个数字表达式，若使用该字段，则当前位置的对齐方式为：2 的表达式次幂 + 偏移量。

使用示例：

```
AREA  Init, CODE, READONLY, ALIEN = 3   ; 指定后面的指令为 8 字节对齐指令序列
END
```

3. CODE16、CODE32

语法格式：

CODE16（或 CODE32）

CODE16 伪指令通知编译器，其后的指令序列为 16 位的 Thumb 指令。

CODE32 伪指令通知编译器，其后的指令序列为 32 位的 ARM 指令。

若在汇编源程序中同时包含 ARM 指令和 Thumb 指令时，可用 CODE16 伪指令通知编译器其后的指令序列为 16 位的 Thumb 指令，CODE32 伪指令通知编译器其后的指令序列为 32 位的 ARM 指令。因此，在使用 ARM 指令和 Thumb 指令混合编程的代码里，可用这两条伪指令进行切换，但注意他们只通知编译器其后指令的类型，并不能对处理器进行状态的切换。

使用示例：

```
AREA  Init, CODE, READONLY
......
CODE32                         ; 通知编译器其后的指令为 32 位的 ARM 指令
LDR R0, = NEXT + 1             ; 将跳转地址放入寄存器 R0
BX R0                          ; 程序跳转到新的位置执行，并将处理器切换到
                                 Thumb 工作状态
......
CODE16                         ; 通知编译器其后的指令为 16 位的 Thumb 指令
                                 NEXT LDR R3, = 0x3 FF
......
END                            ; 程序结束
```

4. ENTRY

语法格式：

ENTRY

ENTRY 伪指令用于指定汇编程序的入口点。在一个完整的汇编程序中至少要有一个 ENTRY（也可以有多个，当有多个 ENTRY 时，程序的真正入口点由连接器指定），但在一个源文件里最多只能有一个 ENTRY（可以没有）。

使用示例：

```
AREA  Init, CODE, READONLY
ENTRY                          ; 指定应用程序的入口点
......
```

5. END

语法格式：

END

END 伪指令用于通知编译器已经到了源程序的结尾。

使用示例：

```
AREA  Init, CODE, READONLY
```

......

END   ; 指定应用程序的结尾

6. EQU

语法格式：

名称 EQU 表达式 ｛，类型｝

EQU 伪指令用于为程序中的常量、标号等定义一个等效的字符名称，类似于 C 语言中的#define。

其中 EQU 可用"＊"代替。

名称为 EQU 伪指令定义的字符名称，当表达式为 32 位的常量时，可以指定表达式的数据类型，可以有以下 3 种类型：

CODE16、CODE32 和 DATA。

使用示例：

```
Test EQU 50                ; 定义标号 Test 的值为 50
Addr EQU 0x55, CODE32      ; 定义 Addr 的值为 0x55，且该处为 32 位的 ARM 指令
```

7. EXPORT（或 GLOBAL）

语法格式：

EXPORT 标号

EXPORT 伪指令用于在程序中声明一个全局的标号，该标号可在其他的文件中引用。EXPORT 可用 GLOBAL 代替。标号在程序中区分大小写，［WEAK］选项声明其他的同名标号优先于该标号被引用。

使用示例：

```
AREA   Init, CODE, READONLY
EXPORT Stest               ; 声明一个可全局引用的标号 Stest……
END
```

8. IMPORT

语法格式：

IMPORT 标号

IMPORT 伪指令用于通知编译器要使用的标号在其他的源文件中定义，但要在当前源文件中引用，而且无论当前源文件是否引用该标号，该标号均会被加入到当前源文件的符号表中。

标号在程序中区分大小写，［WEAK］选项表示当所有的源文件都没有定义这样一个标号时，编译器也不给出错误信息，在多数情况下将该标号置为 0，若该标号为 B 或 BL 指令引用，则将 B 或 BL 指令置为 NOP 操作。

使用示例：

```
AREA   Init, CODE, READONLY
IMPORT  Main               ; 通知编译器当前文件要引用标号 Main，但 Main 在其
                             他源文件中定义……
END
```

9. EXTERN

语法格式：

EXTERN 标号

EXTERN 伪指令用于通知编译器要使用的标号在其他的源文件中定义，但要在当前源文件中引用，如果当前源文件实际并未引用该标号，该标号就不会被加入到当前源文件的符号表中。标号在程序中区分大小写，［WEAK］选项表示当所有的源文件都没有定义这样一个标号时，编译器也不给出错误信息，在多数情况下将该标号置为 0，若该标号为 B 或 BL 指令引用，则将 B 或 BL 指令置为 NOP 操作。

使用示例：

```
AREA  Init, CODE, READONLY
EXTERN  Main              ; 通知编译器当前文件要引用标号 Main，但 Main 在其
                            他源文件中定义……

END
```

10. GET（或 INCLUDE）

语法格式：

GET 文件名

GET 伪指令用于将一个源文件包含到当前的源文件中，并将被包含的源文件在当前位置进行汇编处理。可以使用 INCLUDE 代替 GET。

汇编程序中常用的方法是在某源文件中定义一些宏指令，用 EQU 定义常量的符号名称，用 MAP 和 FIELD 定义结构化的数据类型，然后用 GET 伪指令将这个源文件包含到其他的源文件中。使用方法与 C 语言中的"include"相似。

GET 伪指令只能用于包含源文件，包含目标文件需要使用 INCBIN 伪指令

使用示例：

```
AREA  Init, CODE, READONLY
GET a1.s                  ; 通知编译器当前源文件包含源文件 a1.s
GET C：\ a2.s             ; 通知编译器当前源文件包含源文件 C：\ a2.s……
END
```

11. INCBIN

语法格式：

INCBIN 文件名

INCBIN 伪指令用于将一个目标文件或数据文件包含到当前的源文件中，被包含的文件不作任何变动地存放在当前文件中，编译器从其后开始继续处理。

使用示例：

```
AREA  Init, CODE, READONLY
INCBIN a1.dat             ; 通知编译器当前源文件包含文件 a1.dat
INCBIN C：\ a2.txt        ; 通知编译器当前源文件包含文件 C：\ a2.txt……
END
```

12. RN

语法格式：

名称　RN　表达式

RN 伪指令用于给一个寄存器定义一个别名。采用这种方式可以方便程序员记忆该寄存器的功能。其中，名称为给寄存器定义的别名，表达式为寄存器的编码。

使用示例：

```
Temp RN R0                    ；将 R0 定义一个别名 Temp
```

13. ROUT

语法格式：

{名称}　ROUT

ROUT 伪指令用于给一个局部变量定义作用范围。在程序中未使用该伪指令时，局部变量的作用范围为所在的 AREA，而使用 ROUT 后，局部变量的作用范围为在当前 ROUT 和下一个 ROUT 之间。

3.4　ADS1.2 集成开发环境汇编语言项目实训

3.4.1　ARM 指令的立即寻址

```
；新建文件 TEST1.S
AREA   TEST1, CODE, READONLY  ；声明代码段 TEST1
ENTRY                         ；标识程序入口
CODE32                        ；声明 32 位 ARM 指令
；立即寻址
MOV  R0, #0x01                ；R0 =1 对 R0 赋值
ADD  R0, R0, #01              ；R0←R0 +0x01
ADD  R0, R0, #0x2a            ；R0←R0 +0x2a
END
```

代码解释：

（1）为了查看 ADD　R0，R0，#01 与 ADD　R0，R0，#0x2a　两条指令执行后寄存器 R0 的值，先通过 MOV　R0，#0x01 指令将 R0 的值赋为 1。

（2）对文件 TEST1.S 保存后选择 "Project"→"Debug" 命令后进入 AXD 中，通过 AXD 查看 R1、R2 的值：在 AXD 中单击菜单栏中的 "Processor View"→"Registers"，打开 "Registers" 窗口，然后单击窗口中的 "Current" 中的 "+" 号，显示当前各寄存器的值。

单击菜单 "Execute"→"Step"，选择单步方式运行程序，在 "Registers" 窗口中查看每条指令执行后 R0 的值：

执行 MOV　R0，#0x01 后 r0 的值为 0x00000001；

执行 ADD　R0，R0，#01 后，r0 的值为 0x00000002；

执行 ADD　R0，R0，#0x2a 后，r0 的值为 0x0000002C。

程序运行后 r0 的值：

代码分析：指令 ADD　R0，R0，#0x2a 执行前，r0 的值为 0x02，指令执行后，进行 R0 = R0 + 0x2a 运算，r0 的值变为 0x2c，注意 0x2a 为十六进制数，如图 3 – 1 所示。

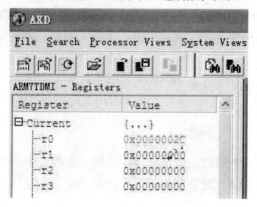

图 3 – 1　"Registers" 窗口中 r0 的值

3.4.2　ARM 指令的寄存器寻址

新建文件 TEST1. S

```
AREA  TEST1，CODE，READONLY   ;声明代码段 TEST1
ENTRY                        ;标识程序入口
CODE32                       ;声明 32 位 ARM 指令
                             ;寄存器寻址
MOV   R0，#0x02              ; R0 = 2
MOV   R1，#0x03              ; R1 = 3
MOV   R2，#0x04              ; R2 = 4
ADD   R0，R1，R2             ; R0←R1 + R2
END
```

仿真运行 AXD 后打开 "Registers" 窗口，单步运行程序查看运行 ADD R0，R1，R2 后 R0 的值由 2 变为 7，如图 3 – 2 所示。

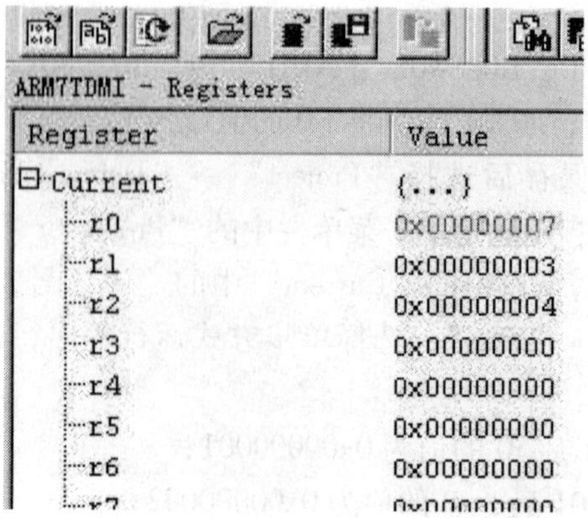

图 3 – 2　运行 ADD R0，R1，R2 后 R0 的值

3.4.3　ARM 的寄存器偏移寻址

（一）源代码功能

首先分别给寄存器 R0、R1、R2、R3 赋值为 2，再将 R2 寄存器的值左移 3 位所得结果赋给 R0（R2 值不变），最后将 R1 减去 R2 左移 R3（寄存器内的值）位的值，并将结果赋给 R0。

我们选择 Watch 窗口来查看程序的变量：

选择"Processor Views"→"Watch"，打开"Watch"窗口，在"Watch"窗口单击鼠标右键，如图3–3所示。

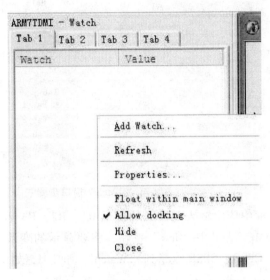

图 3–3　增加变量至"Watch"窗口步骤一

选择"Add Watch"菜单，出现"Add Watch"窗口，如图3–4 所示。

图 3–4　增加变量至"Watch"窗口步骤二

在"Expression"的框中输入要显示的变量 R0 后按回车键，在下方的对话框中就出现对应变量和其对应的值，如图 3 – 5 所示。

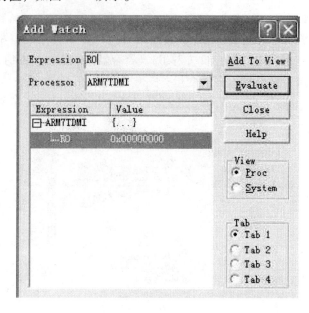

图 3 – 5　增加变量至"Watch"窗口步骤三

在"Expression"的框中依次输入要显示的变量 R1、R2、R3 后，在下方的显示变量值的对话框中选择 R0 后单击"Add To View"按钮，将要显示的变量加入"Watch"窗口中。依次添加 R1、R2、R3、CPSR、SPSR 变量到"Watch"窗口中，如图 3 – 6 所示。

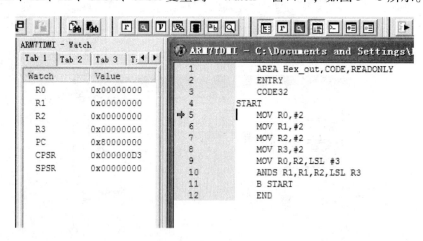

图 3 – 6　"Watch"窗口和程序窗口

（二）程序执行过程

（1）先为各寄存器赋值。

（2）然后执行对 R2 寄存器内的数进行移位并将所得结果赋给 R0，可以观察到 R2 内的值是不变的。

（3）最后执行指令让寄存器 R1 内的数减去 R2 移位 R3 并将所得结果赋给 R1，可以看出 R2 的值没有变，如图 3 – 7 ~ 图 3 – 9 所示。

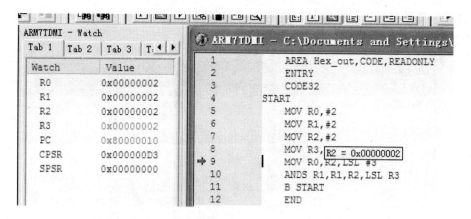

图 3-7　运行赋值语句后对应寄存器值的变化

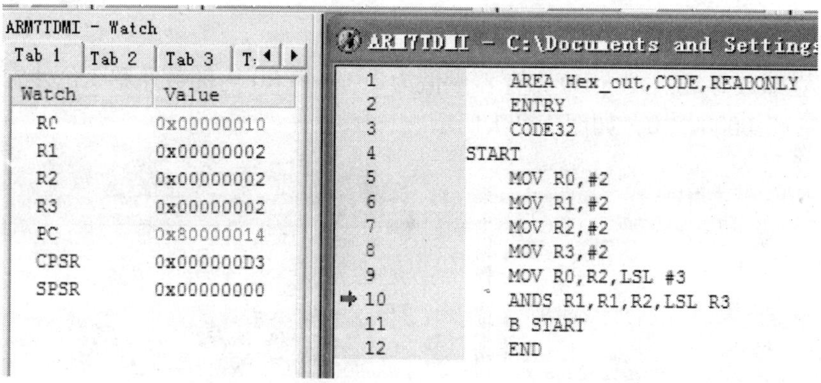

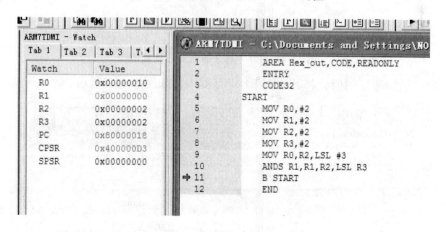

图 3-8　执行移位语句后 R0、R2 的值

图 3-9　运行后各寄存器的值

3.4.4　ARM 的寄存器间接寻址

(一) 源代码功能

先给 R0 寄存器用立即数寻址方式赋一个值，然后将对 R0 进行移位操作，使它成为指

向内存指定位置的地址，然后将该地址的内容提取到 R1 寄存器中，接着进行交换操作，如图3-10所示。

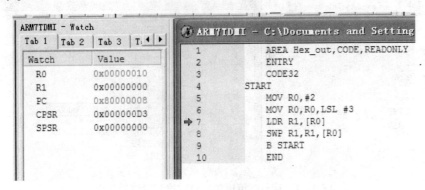

图 3-10　寄存器间接寻址

（二）程序执行过程

（1）用立即数寻址方式将 R0 寄存器赋值为 2，再将 R0 内的数左移 3 位使它指向内存的一个指定地址#0x00000010，如图 3-11 所示。

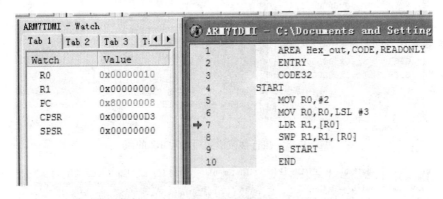

图 3-11　R0 左移 3 位后对应的数值

（2）取出指定地址的值，将其放到 R1 寄存器中，如图 3-12 所示。

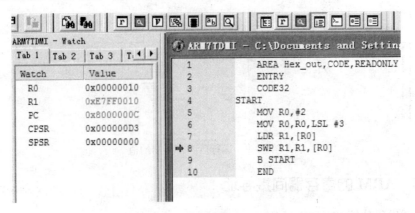

图 3-12　R1 寄存器的数值

（3）查看内存#0x00000010地址的内容［可以看到该内存地址的值与赋值给R1的值是一样的（0xE7FF0010，注意数据存储的格式），证明上述操作成功，如图3-13所示。

Address	0	1	2	3	4	5
0x00000000	10	00	FF	E7	00	E8	0
0x00000010	10	00	FF	E7	00	E8	0
0x00000020	10	00	FF	E7	00	E8	0
0x00000030	10	00	FF	E7	00	E8	0

图3-13　内存#0x00000010地址的内容

3.4.5　验证ARM的基址变址寻址方式

（一）源代码

ARM的基址变址寻址程序如图3-14所示。

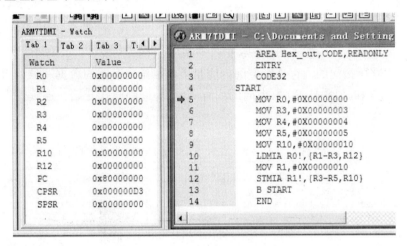

图3-14　ARM的基址变址寻址程序

（二）程序执行过程

（1）先为需要用到的寄存器赋值，如图3-15中"Watch"窗口显示的结果。

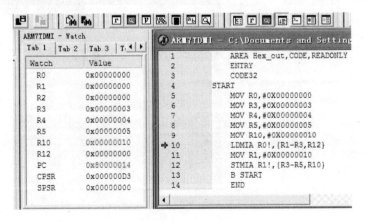

图3-15　程序为各寄存器赋值

（2）将 R0 单元中的数据读出到 R1~R3、R12 中，且自动加 1（操作的结果是将 R0 所指向的内存地址的内容连续读出到 R1~R3、R12 中），如图 3－16 所示。

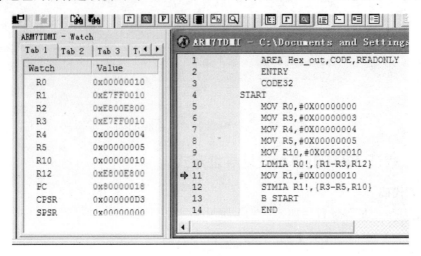

图 3－16　基址变址寻址指令后各寄存器的值

（3）查看 R0 所指向的内存连续空间内容是否与赋给寄存器的数据一致，可以看出寄存器 R1~R3、R12 内的值是从 R0 所指向的内存单元 0x00000000 开始，连续读取出来的，如图 3－17所示。

Address	0	1	2	3	4	5	6	7	8	9	a	b	c	d
0x00000000	10	00	FF	E7	00	E8	00	E8	10	00	FF	E7	00	E8	0
0x00000010	10	00	FF	E7	00	E8	00	E8	10	00	FF	E7	00	E8	0
0x00000020	10	00	FF	E7	00	E8	00	E8	10	00	FF	E7	00	E8	0

图 3－17　各寄存器相对应地址的值

（4）将 0x00000010 的地址写入到 R1 寄存器中，如图 3－18 所示。

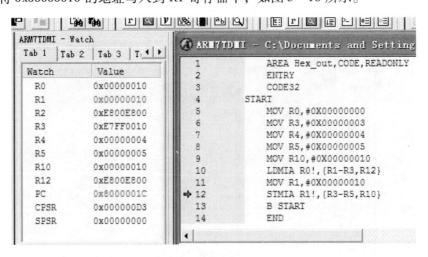

图 3－18　为 R1 赋值

（5）将 R3 ~ R5、R10 中的数据保存到 R1 指向的地址，R1 自动加 1，如图 3 – 19 所示。

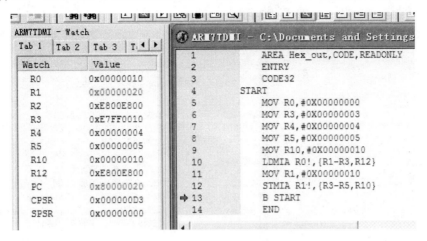

图 3 – 19　R3 ~ R5、R10 的值回写地址

（6）查看内存的保存结果，可以看出数据已经保存到指定的内存单元中了，如图 3 – 20 所示。

Address	0	1	2	3	4	5	6	7	8	9	a	b	c	d	e	f
0x00000000	10	00	FF	E7	00	E8	00	E8	10	00	FF	E7	00	E8	00	E8
0x00000010	10	00	FF	E7	04	00	00	00	05	00	00	00	10	00	00	00
0x00000020	10	00	FF	E7	00	E8	00	E8	10	00	FF	E7	00	E8	00	E8

图 3 – 20　回写后对应地值的数值

3.4.6　验证 ARM 的堆栈寻址方式

（一）源代码

堆栈寻址程序如图 3 – 21 所示。

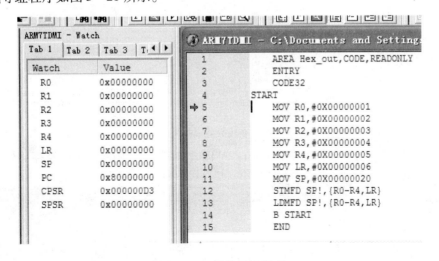

图 3 – 21　堆栈寻址程序

（二）程序执行过程

（1）先为寄存器赋值，如图3-22所示。

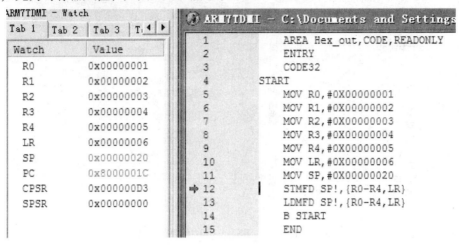

图3-22 为寄存器赋值

（2）将R0~R4、LR入栈，满递减堆栈。就是将R0~R4、LR内的内容保存到SP所指向的地址空间，堆栈通过减小存储器的地址向下增长，堆栈指针指向内含有效数据项的最低地址。堆栈数值及指针的变化如图3-23所示。

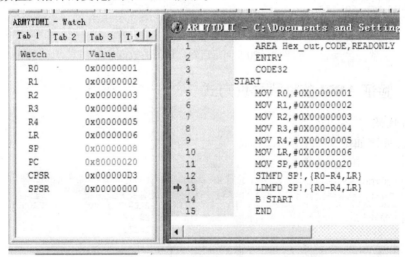

图3-23 堆栈数值及指针的变化

（3）查看是否已将数据存储到内存中，可以看到寄存器中的数据已经存储到内存指定单元中了，如图3-24所示。

Address	0	1	2	3	4	5	6	7	8	9	a	b	c	d	e	f
0x00000000	10	00	FF	E7	00	E8	00	E8	01	00	00	00	02	00	00	00
0x00000010	03	00	00	00	04	00	00	00	05	00	00	00	06	00	00	00
0x00000020	10	00	FF	E7	00	E8	00	E8	10	00	FF	E7	00	E8	00	E8
0x00000030	10	00	FF	E7	00	E8	00	E8	10	00	FF	E7	00	E8	00	E8

图3-24 压栈后内存的数值

（4）数据出栈，放入 R0～R4、LR 寄存器，满递减堆栈，如图 3－25 所示。

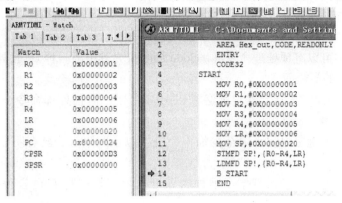

图 3－25　数据出栈

3.4.7　汇编加法运算

```
; 文件名：TEST1.S
; 功能：实现两个寄存器的值相加
; 说明：使用 ARMulate 软件仿真调试
  AREA  TEST1, CODE, READONLY        ; 声明代码段 TEST1
  ENTRY                              ; 标识程序入口
  CODE32                             ; 声明 32 位 ARM 指令
START  MOV R0, #0                    ; 设置参数
  MOV  R1, #10
LOOP  BL  ADD_ SUB                   ; 调用子程序 ADD_ SUB
  B  LOOP                            ; 跳转到 LOOP
ADD_ SUB
  ADDS  R0, R0, R1                   ; R0 = R0 + R1
  MOV  PC, LR                        ; 子程序返回
  END                               ; 文件结束
```

建立 ADS 工程项目，添加 TEST1. S 程序到项目中，启动 AXD 后，使用单步方式运行程序，注意查看相对应的寄存器的值。

程序编写时要注意：START、LOOP、ADD_ SUB 为标号，要顶格写。

3.5　ARM 的 C 语言程序设计

3.5.1　C 语言的基础知识

一、C 语言的特点

（一）C 语言的特点

（1）一个 C 语言源程序可以由一个或多个源文件组成。

（2）每个源文件可由一个或多个函数组成。

（3）一个源程序不论由多少个源文件组成，都有一个且只能有一个 main 函数，即主函数。

（4）源程序中可以有预处理命令（include 命令仅为其中的一种），预处理命令通常应放在源文件或源程序的最前面。

（5）每一个说明，每一个语句都必须以分号结尾。但预处理命令、函数头和花括号"｝"之后不能加分号。

（6）标识符、关键字之间必须至少加一个空格以示间隔。若已有明显的间隔符，也可不再加空格来间隔。

从书写清晰，便于阅读、理解、维护的角度出发，在书写 C 语言程序时应遵循以下规则：

（1）一个说明或一个语句占一行。

（2）用"｛｝"括起来的部分，通常表示了程序的某一层次结构。"｛｝"一般与该结构语句的第一个字母对齐，并单独占一行。

（3）低一层次的语句或说明可比高一层次的语句或说明缩进若干格后书写。以便看起来更加清晰，增强程序的可读性。

在编程时应力求遵循以上规则，以养成良好的编程风格。

（二）C 语言的字符集

字符是组成语言的最基本的元素。C 语言字符集由字母、数字、空格、标点和特殊字符组成。在字符常量、字符串常量和注释中还可以使用汉字或其他可表示的图形符号。

（1）字母：小写字母 a~z 共 26 个；大写字母 A~Z 共 26 个。

（2）数字：0~9 共 10 个。

（3）空白符：空格符、制表符、换行符等统称为空白符。空白符只在字符常量和字符串常量中起作用。在其他地方出现时，只起间隔作用，编译程序对它们忽略不计。因此在程序中使用空白符与否，对程序的编译不发生影响，但在程序中适当的地方使用空白符将增加程序的清晰性和可读性。

（4）标点和特殊字符。

二、变量和常量

（一）变量

1. 变量类型和表示方法

变量是存储数据的值的空间。由于数值的类型有多种，有整数、小数（浮点数）、字符等，那么对应的变量就有整型变量、浮点型变量、字符型变量。变量还有其他的具体分类。整型变量还可具体分为无符号型、长整型和短整型。浮点型也可分为单精度型、双精度型和长双精度型。此外还可以分为静态变量、外部变量、寄存器变量和自动存储变量。

变量的名称叫作标识符。标识符的命名有一定的规则：

（1）标识符只能由字母、数字和下划线 3 类字符组成。

（2）第一个字符必须是字母（第一个字符也可以是下划线，但被视作系统自定义的标识符）。

（3）大写字母和小写字母被认为是两个不同的字符，如 A 和 a 是两个不同的标识符。

（4）标识符可以任意长，但只有前 32 位有效。有些旧的 C 版本对外部标识符的限制为 6 位。这是由于连接程序的限制所造成的，而不是 C 语言本身的局限性。

（5）标识符不能是 C 语言的关键字。

上面的规则中，有个关键字的概念。那么什么叫关键字呢？关键字是 C 语言本身某些特性的一个表示，是唯一地代表某一个意思的。下面列出 ANSI 标准定义的 32 个 C 语言的关键字：

auto　break　case　char　const　continue　default　do　double　else　enum　extern　float for　goto　if　int　long　register　return　short　signed　sizeof　static　struct　switch　typedef union　unsigned　void　volatile　while

C 语言还包括一些不能用作标识符的扩展关键字：asm　cdecl　_ cs　_ ds　_ es　far huge　interrupt　near　pascal　_ ss。

在以后的学习中，在给变量命名时要避开这些关键字。所有变量在使用前都必须加以说明。一条变量说明语句由数据类型和其后的一个或多个变量名组成。变量说明的形式如下：

类型 < 变量表 >；

变量表是一个或多个标识符名，每个标识符之间用","分隔。

2. 整型变量

整型变量是用来存储整数的。

整型变量又可具体分为好几种，最基本的整型变量是用类型说明符 int 声明的符号整型，形式如下：

int Counter；

这里 int 是类型说明符，Counter 是变量的名字。

整型变量可以是有符号型、无符号型、长型、短型或像上面定义的普通符号整型。

整型是 16 位的，长整型是 32 位的，短整型等价于整型。

3. 浮点型变量

顾名思义，浮点型变量是用来存储带有小数的实数的。

C 语言中有 3 种不同的浮点类型，以下是对这 3 种不同类型的声明示例：

```
float Amount；      /* 单精度型 */
double BigAmount；      /* 双精度型 */
long double ReallyBigAmount；      /* 长双精度型 */
```

这里 Amount、BigAmount、ReallyBigAmount 都是变量名。

浮点型都是有符号的。

4. 字符型变量

字符型变量中所存放的字符是计算机字符集中的字符。程序用类型说明符 char 来声明字符型变量：

```
char ch；
```

这条声明语句声明了一个字符型变量，标识符为 ch。当以这种形式声明变量之后，程序可以在表达式中引用这个变量。对于无符号的字符型变量可以声明为：

```
unsigned char ch；
```

除非声明为无符号型，否则在算术运算和比较运算中，字符型变量一般作为 8 位有符号整型变量处理。

还有其他的如指针型变量，void 型变量。

（二）常量

常量的意思就是不可改变的量，是一个常数。同变量一样，常量也分为整型常量、浮点型常量、字符型常量，还有字符串常量、转义字符常量和地址常量。

1. 整型常量

整型常量可以是长整型、短整型、有符号型、无符号型。可以指定一个整型常量为二进制、八进制或十六进制，如以下语句：

－129, 0x12fe, 0177

常量的前面有符号 0x，这个符号表示该常量是用十六进制表示。如果前面的符号只有一个字母 0，那么表示该常量是八进制。

有时我们在常量的后面加上符号 L 或者 U，来表示该常量是长整型或者无符号整型：

22388L, 0x4efb2L, 40000U，后缀可以是大写，也可以是小写。

2. 浮点型常量

一个浮点型常量由整数和小数两部分构成，中间用十进制的小数点隔开。有些浮点数非常大或者非常小，用普通方法不容易表示，可以用科学计数法或者指数方法表示。下面是一个实例：

3.1416, 1.234E－30, 2.47E201

注意在 C 语言中，数的大小也有一定的限制。对于 float 型浮点数，数的表示范围为 －3.402823E38 ～ 3.402823E38，其中 － 1.401298E － 45 ～ 1.401298E － 45 不可见。double 型浮点型常数的表示范围为 － 1.79E308 ～ 1.79E308，其中 － 4.94E － 324 ～ 4.94E － 324 不可见。

3. 字符型常量

字符型常量所表示的值是字符型变量所能包含的值。我们可以用 ASCII 表达式来表示一个字符型常量，或者用单引号内加反斜杠表示转义字符。如：

'A','\x2f','\013'

其中：\ x 表示后面的字符是十六进制数，\ 0 表示后面的字符是八进制数。

4. 字符串常量

字符串常量就是一串字符，用双引号括起来表示。如：

"Hello，World!"

5. 转义字符常量

我们见到的 \ x，\ n，\ a 等都是转义字符，它告诉编译器需要用特殊的方式进行处理。下面给出所有的转义字符和所对应的意义：

转义字符　描述

　　\ '　　单引号

　　\ "　　双引号

　　\ \　　反斜杠

　　\ 0　　空字符

　　\ 0nnn 八进制数

	\ a	声音符
	\ b	退格符
	\ f	换页符
	\ n	换行符
	\ r	回车符
	\ t	水平制表符
	\ v	垂直制表符
	\ x	十六进制符

6. 地址常量

前面说的变量是存储数据的空间，它们在内存里都有对应的地址。在 C 语言里可以用地址常量来引用这些地址，如下：

&Counter, &Sum；

& 是取地址符，作用是取出变量（或者函数）的地址。

三、运算符

运算符包括赋值运算符、算术运算符、逻辑运算符、位逻辑运算符、移位运算符、关系运算符、自增自减运算符。C 语言中的运算符和我们平时用的基本上都差不多。大多数运算符都是二目运算符，即运算符位于两个表达式之间。单目运算符的意思是运算符作用于单个表达式。

（一）赋值运算符

赋值语句的作用是把某个常量或变量或表达式的值赋值给另一个变量。符号为"＝"。这里并不是等于的意思，只是赋值，等于用"＝＝"表示。

注意：赋值语句左边的变量在程序的其他地方必须要声明。

已赋值的变量称为左值，因为它们出现在赋值语句的左边；产生值的表达式称为右值，因为它们出现在赋值语句的右边。常数只能作为右值。

例如：

count =5；

total1 =total2 =0；

第一个赋值语句大家都能理解。第二个赋值语句的意思是把 0 同时赋给两个变量。这是因为赋值语句是从右向左运算的，也就是说从右端开始计算。这样它先表示 total2 =0，然后表示 total1 =total2。

（二）算术运算符

在 C 语言中有两个单目和 5 个双目运算符。即：

符号	功能
+	单目正
−	单目负
*	乘法
/	除法

%　　　　取模

+　　　　加法

－　　　　减法

下面是一些赋值语句的例子，在赋值运算符右侧的表达式中就使用了上面的算术运算符：

num = num1 + num2 /num3 – num4 ;

运算符也有个运算顺序问题，先算乘除再算加减。单目正和单目负最先运算。

取模运算符（%）用于计算两个整数相除所得的余数。例如：

a = 7 % 4 ;

最终 a 的结果是 3，因为 7%4 的余数是 3。

要想求它们的商怎么办呢？

b = 7 /4 ;

这样 b 就是它们的商了，应该是 1。

也许有人就不明白了，7/4 应该是 1.75，怎么会是 1 呢？这里需要说明的是，当两个整数相除时，所得到的结果仍然是整数，没有小数部分。要想也得到小数部分，可以这样写 7.0/4 或者 7/4.0，也即把其中一个数变为非整数。

那么怎样由一个实数得到它的整数部分呢？这就需要用强制类型转换了。例如：

a = (int) (7.0 /4) ;

因为 7.0/4 的值为 1.75，如果在前面加上（int）就表示把结果强制转换成整型，这就得到了 1。

单目减运算符相当于取相反值，若是正值就变为负值，若是负值就变为正值。

单目加运算符没有意义，纯粹是和单目减构成一对用的。

（三）逻辑运算符

逻辑运算符是根据表达式的值来返回真值或是假值。其实在 C 语言中没有所谓的真值和假值，只是认为非 0 为真值，0 为假值。逻辑运算符与其功能如下：

符号　　　功能

&&　　　　逻辑与

| |　　　　逻辑或

!　　　　　逻辑非

例如：! 4 ;

当表达式进行"&&"运算时，只要有一个为假，总的表达式就为假，只有当所有都为真时，总的式子才为真。当表达式进行" | | "运算时，只要有一个为真，总的值就为真，只有当所有的都为假时，总的式子才为假。逻辑非"!"运算是把相应的变量数据转换为相应的真/假值。若原先为假，则逻辑非以后为真，若原先为真，则逻辑非以后为假。

还有一点很重要，当一个逻辑表达式的后一部分的取值不会影响整个表达式的值时，后一部分就不会进行运算了。例如：

a = 2, b = 1 ;

a | | b – 1 ;

因为 a = 2 为真值，所以不管 b – 1 是不是真值，总的表达式一定为真值，这时后面的表达式就不会再计算了。

（四）关系运算符

关系运算符是对两个表达式进行比较，返回一个真/假值。关系运算符及其功能如下：

符号	功能
>	大于
<	小于
> =	大于等于
< =	小于等于
= =	等于
! =	不等于

这些运算符大家都能明白，主要问题就是等于“= =”和赋值“=”的区别了。一些刚开始学习 C 语言的人总是对这两个运算符弄不明白，经常在一些简单问题上出错，自己检查时还找不出来。看下面的代码：

```
if (Amount =123) …
```

很多新人都理解为如果 Amount 等于 123，就怎么样。其实这行代码的意思是先赋值 Amount = 123，然后判断这个表达式是不是真值，因为结果为 123，是真值，那么就做后面的。如果想让当 Amount 等于 123 才运行，应该用 if (Amount = =123) …。

（五）自增自减运算符

这是一类特殊的运算符，自增运算符“++”和自减运算符“--”对变量的操作结果是增加 1 和减少 1。例如：

```
--Couter;
Couter --;
```

如果运算符放在变量前面，那么在运算之前，变量先完成自增或自减运算；如果运算符放在后面，那么自增自减运算是在变量参加表达式的运算后再进行。看下面的例子：

```
num1 =4;
num2 =8;
a = ++num1;
b = num2 ++;
a = ++num1;
```

这总的来看是一个赋值，把 ++num1 的值赋给 a，因为自增运算符在变量的前面，所以 num1 先自增加 1 变为 5，然后赋值给 a，最终 a 也为 5。“b = num2 ++ ;”是把“num2 ++”的值赋给 b，因为自增运算符在变量的后面，所以先把 num2 赋给 b，b 应该为 8，然后 num2 自增加 1 变为 9。

（六）复合赋值运算符

在赋值运算符当中，还有一类 C/C ++ 独有的复合赋值运算符。它们实际上是一种缩写形式，使得对变量的改变更为简洁。

```
Total = Total +3;
```

乍一看这行代码，似乎有问题，这是不可能成立的。其实还是老样子，“=”是赋值不是等于，它的意思是本身的值加 3，然后再赋值给本身。为了简化，上面的代码也可以写成：

　　Total + = 3；

　　复合赋值运算符有下列这些：

符号	功能
+ =	加法赋值
− =	减法赋值
* =	乘法赋值
/ =	除法赋值
% =	模运算赋值
< < =	左移赋值
> > =	右移赋值
& =	位逻辑与赋值
| =	位逻辑或赋值
^ =	位逻辑异或赋值

（七）条件运算符

条件运算符（?:）是 C 语言中唯一的一个三目运算符，它是对第一个表达式作真/假检测，然后根据结果返回另外两个表达式中的一个。

　　<表达式1>？<表达式2>：<表达式3>

在运算中，首先对第一个表达式进行检验，如果为真，则返回表达式 2 的值；如果为假，则返回表达式 3 的值。

　　例如：

　　a =（b > 0）? b：− b；

　　当 b > 0 时，a = b；当 b 不大于 0 时，a = − b；这就是条件表达式。其实上面的意思就是把 b 的绝对值赋值给 a。

（八）逗号运算符

在 C 语言中，多个表达式可以用逗号分开，其中用逗号分开的表达式的值分别结算，但整个表达式的值是最后一个表达式的值。

　　假设 b = 2，c = 7，d = 5，

　　a1 =（++b，c − − ，d + 3）；

　　a2 = ++b，c − − ，d + 3；

对于第一行代码，有 3 个表达式，用逗号分开，所以最终的值应该是最后一个表达式的值，也就是 d + 3，为 8，所以 a = 8。对于第二行代码，也是有 3 个表达式，这时的 3 个表达式为 a2 = ++b、c − − 、d + 3，（这是因为赋值运算符比逗号运算符优先级高）所以最后一个表达式的值虽然也为 8，但 a2 = 3。

（九）优先级和结合性

从上面的逗号运算符那个例子可以看出，这些运算符计算时都有一定的顺序，就好像先要算乘除后算加减一样。优先级和结合性是运算符两个重要的特性，结合性又称为计算顺序，它决定组成表达式的各个部分是否参与计算以及什么时候计算。

四、赋值语句

赋值语句是由赋值表达式再加上分号构成的表达式语句。其一般形式为

变量 = 表达式；

在赋值语句的使用中需要注意以下几点：

（1）由于在赋值符"="右边的表达式也可以又是一个赋值表达式，因此，下述形式

变量 = （变量 = 表达式）；

是成立的，从而形成嵌套的情形。其展开之后的一般形式为：

变量 = 变量 = … = 表达式；

例如：

a = b = c = d = e = 5;

按照赋值运算符的右结合性，实际上等效于：

e = 5;

d = e;

c = d;

b = c;

a = b;

（2）注意在变量说明中给变量赋初值和赋值语句的区别：

给变量赋初值是变量说明的一部分，赋初值后的变量与其他的同类变量之间仍必须用逗号间隔，而赋值语句则必须用分号结尾。

例如：

int a = 5, b, c;

在变量说明中，不允许连续给多个变量赋初值。

如下述说明是错误的：

int a = b = c = 5

必须写为

int a = 5, b = 5, c = 5;

而赋值语句允许连续赋值。

（3）注意赋值表达式和赋值语句的区别。

赋值表达式是一种表达式，它可以出现在任何允许表达式出现的地方，而赋值语句则不能。

下述语句是合法的：

if ((x = y + 5) > 0) z = x;

语句的功能是，若表达式 x = y + 5 大于 0 则 z = x。

下述语句是非法的：

if ((x = y + 5;) > 0) z = x;

因为"x = y + 5;"是语句，不能出现在表达式中。

五、条件语句

一个表达式的返回值都可以用来判断真假，除非没有任何返回值的 void 型和返回无法

判断真假的结构。当表达式的值不等于 0 时，它就是"真"，否则就是"假"。一个表达式可以包含其他表达式和运算符，并且基于整个表达式的运算结果可以得到一个真/假的条件值。因此，当一个表达式在程序中被用于检验其真/假的值时，就称为一个条件。

（一）if 语句

if（表达式）语句 1；

如果表达式的值为非 0，则执行语句 1，否则跳过语句继续执行下面的语句。

如果语句 1 有多于一条语句要执行，必须使用"｛"和"｝"符号把这些语句包括在其中，此时条件语句形式为：

```
if（表达式）
｛
语句体 1；
｝
```

例如：

```
if（x > = 0）y = x；
if（a | | b&&c）
｛
z = a + b；
c + = z；
｝
```

（二）if – else 语句

除了可以指定在条件为真时执行某些语句外，还可以在条件为假时执行另外一段代码。在 C 语言中利用 else 语句来达到这个目的。

if（表达式）语句 1；

else 语句 2；

同样，当语句 1 或语句 2 是多于一个语句时，需要用"｛"和"｝"符号把语句括起来。

例如：

```
if（x > = 0）y = x；
else y = - x；
```

（三）if – else if – else 结构

```
if（表达式 1）
语句 1；
else if（表达式 2）
语句 2；
else if（表达式 3）
语句 3；
 ⋮
else
语句 n；
```

这种结构是从上到下逐个对条件进行判断，一旦发现条件满足就执行与它有关的语句，并跳过其他剩余阶梯；若没有一个条件满足，则执行最后一个 else 语句 n。最后这个 else 常起着缺省条件的作用。同样，如果每一个条件中有多于一条语句要执行时，必须使用"{"和"}"符号把这些语句包括在其中。

条件语句可以嵌套，这种情况经常碰到，但条件嵌套语句容易出错，其原因主要是不知道哪个 if 对应哪个 else。

例如：

```
if (x >20 | | x < -10)
if (y < =100&&y >x)
printf ("Good");
else
printf ("Bad");
```

对于上述情况，C 语言规定：else 语句与最近的一个 if 语句匹配，上例中的 else 与 if (y < =100&&y >x) 相匹配。为了使 else 与 if (x >20 | | x < -10) 相匹配，必须用花括号。如下所示：

```
if (x >20 | | x < -10)
{
if (y < =100&& y >x)
printf ("Good");
}
else
printf ("Bad");
```

例子：输入 3 个数 x，y，z，然后按从大到小输出。

```
main ()
{
    float x, y, z;
    scanf ("%f,%f,%f", &x, &y, &z);
    if (x > =y&&x > = z)
     {
    printf ("%f \t", x);
    if (y > = z) printf ("%f \t%f \n", y, z);
    else printf ("%f \t%f \n", z, y);
    }
    else if (y > =x&&y > = z)
     {
    printf ("%f \t", y);
    if (x > = z) printf ("%f \t%f \n", x, z);
    else printf ("%f \t%f \n", z, x);
    }
    else
     {
    printf ("%f \t", z);
```

```
if (x > =y) printf ("%f \t%f \n", x, y);
else printf ("%f \t%f \n", y, x);
}
}
```

说明：这是一个典型的 if – else – if 语句嵌套结构，如果不使用括号，if 和 else 的对应关系就乱了。

（四）switch – case 语句

在编写程序时，经常会碰到按不同情况分转的多路问题，这时可用嵌套 if – else – if 语句来实现，但 if – else – if 语句使用不方便，并且容易出错。对这种情况，C 语言提供了一个开关语句。开关语句格式为：

```
switch （变量）
{
case 常量 1：
语句 1 或空；
case 常量 2：
语句 2 或空；
    ⋮
case 常量 n：
语句 n 或空；
default：
语句 n + 1 或空；
}
```

执行 switch 开关语句时，将变量逐个与 case 后的常量进行比较，若与其中一个相等，则执行该常量下的语句，若不与任何一个常量相等，则执行 default 后面的语句。

注意：

（1）switch 中变量可以是数值，也可以是字符，但必须是整数。

（2）可以省略一些 case 和 default。

（3）每个 case 或 default 后的语句可以是语句体，但不需要使用"｛"和"｝"符号括起来。

例如：

```
main ()
{
int x, y;
scanf ("%d", &x);
switch (x)
{
case 1：
y = x +1;
break;      /*退出开关语句，遇到 break 才退出 */
```

```
case 4:
y = 2 * x + 1;
break;
default:
y = x -- ;
break;
}
printf ("%d \n", y);
}
```

从上面的例子可以看出，用开关语句编的程序一定可以用 if 语句做。那么在什么情况下需要用 switch 语句呢？一般在出现比较整的情况下或者能转化成整数的情况下使用。看下面的例子：

一个学生的成绩分成 5 等，超过 90 分的为"A"，80 ~ 89 分的为"B"，70 ~ 79 分为"C"，60 ~ 69 分为"D"，60 分以下的为"E"。现在输入一个学生的成绩，输出他的等级。

(1) 用 if 语句。

```
main ()
{
float num;
char grade;
scanf ("%d", &num);
if (num > =90) grade = 'A';
else if (num > =80&&num <89) grade = 'B';
else if (num > =70&&num <79) grade = 'C';
else if (num > =60&&num <69) grade = 'D';
else grade = 'E';
printf ("%c", grade);
}
```

(2) 用 switch 语句。

```
main ()
{
int num;
char grade;
scanf ("%d", &num);
num /= 10;
switch (num)
{
case 10:
case 9:
grade = 'A';
```

```
break;
case 8:
grade ='B';
break;
case 7:
grade ='C';
break;
case 6:
grade ='D';
break;
default:
grade ='E';
break;
}
printf ("%c", grade);
}
```

说明一点，并不是每个 case 里面有都语句，有时候里面是空的，就好像这一题。switch 语句执行的顺序是从第一个 case 判断，如果正确就往下执行，直到 break；如果不正确，就执行下一个 case。所以在这里，当成绩是 100 分时，执行"case 10"，然后往下执行"grade ='A'；break；"退出。

六、循环语句和循环函数

3 种基本的循环语句：for 语句、while 语句和 do – while 语句

（一）循环语句

1. for 循环

for 循环的一般形式为：

for （＜初始化＞；＜条件表达式＞；＜增量＞）

语句；

初始化总是一个赋值语句，它用来给循环控制变量赋初值；条件表达式是一个关系表达式，它决定什么时候退出循环；增量定义循环控制变量每循环一次后按什么方式变化。这 3 个部分之间用"；"分开。

例如：

for (i =1; i < =10; i ++)

语句；

上例中先给 i 赋初值 1，判断 i 是否小于等于 10，若是则执行语句，之后值增加 1。再重新判断，直到条件为假，即 i > 10 时，结束循环。

注意：

（1）for 循环中语句可以为语句体，但要用"｛"和"｝"符号将参加循环的语句括起来。

（2）for 循环中的初始化、条件表达式和增量都是选择项，即可以缺省，但";"不能缺省。省略了初始化，表示不对循环控制变量赋初值；省略了条件表达式，则不做其他处理时便成为死循环；省略了增量，则不对循环控制变量进行操作，这时可在语句体中加入修改循环控制变量的语句。

（3）for 循环可以有多层嵌套。

例如：

```
for (;;) 语句；
for (i =1;; i + =2) 语句；
for (j =5;;) 语句；
```

这些 for 循环语句都是正确的。用 for 循环求 $1 +2 +\cdots +100$ 的和：

```
main ()
{
int sn =0, i;
for (i =1; i < =100; i ++)
sn + =i;      /* 1 +2 +…+100 */
printf ("%d \n", sn);
}
```

从程序可以看出，使用循环语句可以大大简化代码。

2. while 循环

while 循环的一般形式为：

while（条件）

语句；

while 循环表示当条件为真时，便执行语句。直到条件为假才结束循环，并继续执行循环程序外的后续语句。与 for 循环一样，while 循环总是在循环的头部检验条件，这就意味着循环可能什么也不执行就退出。

注意：

（1）在 while 循环体内也允许空语句。例如：

```
while ( (c =getche ())! ='\n');
```

这个循环直到键入回车为止。

（2）可以有多层循环嵌套。

（3）语句可以是语句体，此时必须用 "｛" 和 "｝" 符号括起来。

用 while 循环求 $1 +2 +\cdots +100$ 的和：

```
main ()
{
int sn =0, i =0;
while ( ++i < =100)
sn + =i;      /* 求 1 +2 +…+100 */
printf ("%d \n", sn);
}
```

3. do – while 循环

do – while 循环的一般格式为：

```
do
{
语句块;
}
while (条件);
```

这个循环与 while 循环的不同在于：它先执行循环中的语句，然后再判断条件是否为真，如果为真则继续循环；如果为假，则终止循环。因此，do – while 循环至少要执行一次循环语句。

同样当有许多语句参加循环时，要用" { "和" } "符号把它们括起来。

用 do – while 循环求 $1 + 2 + \cdots + 100$ 的和：

```
main ()
{
int sn = 0, i = 1;
do
sn + = i;        /* 求 1 + 2 + ⋯+100 */
while ( ++i < = 100);
printf ("%d \ n", sn);
}
```

从上面 3 个程序看出，使用 for、while 和 do – while 求解同样的问题，基本思路都差不多，只是在第一次计算时，注意初值。

（二）循环控制

1. break 语句

break 语句通常用在循环语句和开关语句中。当 break 用于开关语句 switch 中时，可使程序跳出 switch 而执行 switch 以后的语句；如果没有 break 语句，则将成为一个死循环而无法退出。当 break 语句用于 do – while、for、while 循环语句中时，可使程序终止循环而执行循环后面的语句，通常 break 语句总是与 if 语句联在一起，即满足条件时便跳出循环。例如：

```
main ()
{
int sn = 0, i;
for (i = 1; i < = 100; i ++)
{
if (i = = 51) break;      /* 如果 i 等于 51，则跳出循环 */
sn + = i;       /* 1 + 2 + ⋯+50 */
}
printf ("%d \ n", sn);
}
```

可以看出，最终的结果是 $1 + 2 + \cdots + 50$。因为在 i 等于 51 的时候，就跳出循环了。自已写写怎样在 while 和 do – while 循环中增加 break 语句。

注意：在多层循环中，一个 break 语句只向外跳一层。

2. continue 语句

continue 语句的作用是跳过循环体中剩余的语句而强行执行下一次循环。

continue 语句只用在 for、while、do – while 等循环体中，常与 if 条件语句一起使用，用来加速循环。

例如：

```
main ()
{
int sn =0, i;
for (i =1; i < =100; i ++)
{
if (i = =51) continue;        /*如果 i 等于51，则结束本次循环*/
sn + =i;       /*1 +2 +…+50 +52 +…+100*/
}
printf ("%d \n", sn);
}
```

从程序中可以看出，continue 语句只是当前的值没有执行，也就是说当前的值跳过去了，接着执行下次循环。

3. goto 语句

goto 语句是一种无条件转移语句，goto 语句的使用格式为：

goto 标号；

其中标号是 C 语言中一个有效的标识符，这个标识符加上一个 ";" 一起出现在函数内某处，执行 goto 语句后，程序将跳转到该标号处并执行其后的语句。标号既然是一个标识符，也就要满足标识符的命名规则。另外标号必须与 goto 语句同处于一个函数中，但可以不在一个循环层中。通常 goto 语句与 if 条件语句连用，当满足某一条件时，程序跳到标号处运行。goto 语句通常不用，主要因为它将使程序层次不清，且不易读，但在多层嵌套退出时，用 goto 语句则比较合理。

```
main ()
{
int sn =0, i;
for (i =1; i < =100; i ++)
{
if (i = =51) goto loop;       /*如果 i 等于51，则跳出循环*/
sn + =i;       /*1 +2 +…+50*/
}
loop:;
printf ("%d \n", sn);
}
```

可以看出，这儿的 goto 语句和 break 作用很类似。

七、数组

数组，顾名思义就是一组同类型的数。

（一）数组的声明

声明数组的语法为在数组名后加上用方括号括起来的维数说明。下面是一个整型数组的例子：

```
int array [10];
```

这条语句定义了一个具有 10 个整型元素的名为 array 的数组。这些整数在内存中是连续存储的。数组的大小等于每个元素的大小乘上数组元素的个数。方括号中的维数表达式可以包含运算符，但其计算结果必须是一个长整型值。这个数组是一维的。

下面这些声明是合法的：

```
int offset [5 +3];
float count [5 *2 +3];
```

下面是不合法的：

```
int n =10;
int offset [n];        /* 在声明时，变量不能作为数组的维数 */
```

（二）用下标访问数组元素

```
int offset [10];
```

表明该数组是一维数组，里面有 10 个数，它们分别为 offset [0]，offset [1]，…，offset [9]。千万注意，数组的第一个元素下标从 0 开始。一些刚学编程的人员经常在这儿犯一些错误。

```
offset [3] =25;
```

上面的例子是把 25 赋值给整型数组 offset 的第四个元素。在赋值的时候，可以使用变量作为数组下标。

```
main ()
{
int i, offset [10];
for (i =0; i <10; i ++) scanf (%d, &offset [i]);
for (i =9; i > =0; i --) printf (%d, offset [i]);
printf ("\n");
}
```

题目的意思是先输入 10 个整数，存入到数组中，然后反序输出。

（三）数组的初始化

前面说了，变量可以在定义的时候初始化，数组也可以。

```
int array [5] = {1, 2, 3, 4, 5};
```

在定义数组时，可以用放在一对大括号中的初始化表对其进行初始化。初始化值的个数可以和数组元素个数一样多。

如果初始化值的个数多于元素个数，将产生编译错误；如果少于元素个数，其余的元素被初始化为 0。

如果维数表达式为空时，那么将用初始化值的个数来隐式地指定数组元素的个数，如下所式：

```
int array [] = {1, 2, 3, 4, 5};
```

这也表明数组 array 元素个数为 5。

（四）字符型数组

在一维数组中，还有一类字符型数组。

```
char array [5] = {'H','E','L','L','O'};
```

对于单个字符，必须要用单引号括起来。又由于字符和整型是等价的，所以上面的字符型数组也可以这样表示：

```
char array [5] = {72, 69, 76, 76, 79};        /*用对应的 ASCII 码 */
```

举一个例子：

```
main ()
{
int i;
char array [5] = {'H','E','L','L','O'};
for (i = 0; i < 5; i ++) printf ("%d", array [i]);
printf ("\n");
}
```

最终的输出结果为 72 69 76 76 79。

但是字符型数组和整型数组也有不同的地方，看下面的例子：

```
char array [] = HELLO;
```

如果我们能看到内部的话，实际上编译器是这样处理的：

```
char array [] = {'H','E','L','L','O','\0'};
```

看上面最后一个字符 '\0'，它是一个字符型常量，C 编译器总是给字符型数组的最后自动加上一个 '\0'，这是字符的结束标志。所以虽然 HELLO 只有 5 个字符，但存入到数组的个数却是 6 个。但是，数组的长度仍然是 5。

```
int i;
i = strlen (array);        /*求字符串的长度，在 string.h 里面 */
```

可以看出 i 仍然是 5，表明最后的 '\0' 没有算。

```
#include < stdio.h >
#include "string.h"
void main ()
{
int i, j;
char array [] = {"094387fdhgkdladhladaskdh"};
j = strlen (array);
for (i = 0; i < j; i ++)
printf ("%c", array [i]);
printf ("\n");
}
```

八、函数定义

（一）函数的定义

一个函数包括函数头和语句体两部分。函数头由下列 3 部分组成：

函数返回值类型

函数名

参数表

一个完整的函数应该是这样的：

函数返回值类型 函数名（参数表）

{

语句体；

}

函数返回值类型可以是前面说到的某个数据类型或者是某个数据类型的指针、指向结构的指针、指向数组的指针。函数名在程序中必须是唯一的，它也遵循标识符命名规则。参数表可以没有也可以有多个，在函数调用的时候，实际参数将被拷贝到这些变量中。语句体包括局部变量的声明和可执行代码。

（二）函数的声明和调用

为了调用一个函数，必须事先声明该函数的返回值类型和参数类型。

看一个简单的例子：

```
void a ();      /*函数声明*/

main ()
{
a ();      /*函数调用*/
}

void a ()      /*函数定义*/
{
int num;
scanf ("%d", &num);
printf ("%d \n", num);
}
```

在 main () 的前面声明了一个函数，函数类型是 void 型，函数名为 a，无参数。然后在 main () 函数里面调用这个函数，该函数的作用很简单，就是输入一个整数然后再显示它。

当函数定义在调用之前时，可以不声明函数。所以上面的程序和下面这个是等价的：

```
void a ()
{
int num;
scanf ("%d", &num);
```

```
printf ("%d \ n", num);
}


main ()
{
a (),
}
```

因为定义在调用之前，所以可以不声明函数，这是因为编译器在编译的时候，已经发现 a 是一个函数名，是无返回值类型无参数的函数了。

一般来说，比较好的程序书写顺序是，先声明函数，然后写主函数，然后再写那些自定义的函数。既然 main（）函数可以调用别的函数，那么我们自己定义的函数能不能再调用其他函数呢？答案是可以的。看下面的例子：

```
void a ();
void b ();


main ()
{
a ();
}


void a ()
{
b ();
}


void b ()
{
int num;
scanf ("%d", &num);
printf ("%d \ n", num);
}
```

main（）函数先调用 a（）函数，而 a（）函数又调用 b（）函数。在 C 语言里，对调用函数的层数没有严格的限制，但是我们并不提倡调用的层数太多（除非是递归）。

某些人可能就不明白了，看上面的例子，好像使用函数后，程序变得更长了，更不容易让人理解。当然，举的这个例子的确没有必要用函数来实现，但是对于某些实际问题，如果不使用函数，会让程序变得很乱，因为这涉及参数问题。

九、函数的参数和函数的值

（一）形式参数和实际参数

函数的参数分为形参和实参两种。形参出现在函数定义中，在整个函数体内都可以使用，离开该函数则不能使用。实参出现在主调函数中，进入被调函数后，实参变量也不能使用。形参和实参的功能是作数据传送。发生函数调用时，主调函数把实参的值传送给被调函数的形参从而实现主调函数向被调函数的数据传送。

函数的形参和实参具有以下特点：

（1）形参变量只有在被调用时才分配内存单元，在调用结束时，即刻释放所分配的内存单元。因此，形参只有在函数内部有效。函数调用结束返回主调函数后则不能再使用该形参变量。

（2）实参可以是常量、变量、表达式、函数等，无论实参是何种类型的量，在进行函数调用时，它们都必须具有确定的值，以便把这些值传送给形参。因此应预先用赋值、输入等办法使实参获得确定值。

（3）实参和形参在数量上、类型上、顺序上应严格一致，否则会发生类型不匹配的错误。

（4）函数调用中发生的数据传送是单向的，即只能把实参的值传送给形参，而不能把形参的值反向地传送给实参。在函数调用过程中，形参的值发生改变，实参中的值不会变化。如图 3-26 所示。

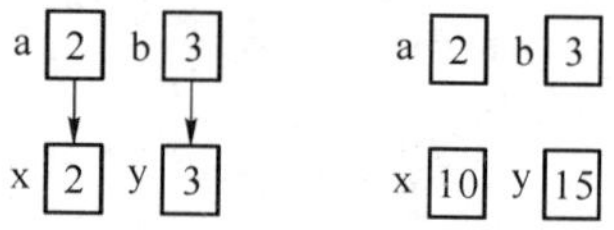

图 3-26　函数形参与实参

例：

```
main ()
{
    int n;
    printf ("input number \n");
    scanf ("%d", &n);
    s (n);
    printf ("n = %d \n", n);
}
int s (int n)
{
    int i;
    for (i = n - 1; i > =1; i --)
        n = n + i;
    printf ("n = %d \n", n);
}
```

本程序中定义了一个函数 s，该函数的功能是求 ∑n 的值。在主函数中输入 n 值，并作为实参，在调用时传送给 s 函数的形参量 n（注意，本例的形参变量和实参变量的标识符都为 n，但这是两个不同的量，各自的作用域不同）。在主函数中用 printf 语句输出一次 n 值，这个 n 值是实参 n 的值。在函数 s 中也用 printf 语句输出了一次 n 值，这个 n 值是形参最后取得的 n 值 0。从运行情况看，输入 n 值为 100，即实参 n 的值为 100。把此值传给函数 s 时，形参 n 的初值也为 100，在执行函数过程中，形参 n 的值变为 5050。返回主函数之后，输出实参 n 的值仍为 100。可见实参的值不随形参的变化而变化。

（二）函数的返回值

函数的值是指函数被调用之后，执行函数体中的程序段所取得的并返回给主调函数的值。如调用正弦函数取得正弦值等。对函数的值（或称函数返回值）有以下一些说明。

（1）函数的值只能通过 return 语句返回主调函数。

return 语句的一般形式为：

return　表达式；

或者为：return（表达式）；

该语句的功能是计算表达式的值，并返回给主调函数。在函数中允许有多个 return 语句，但每次调用只能有一个 return 语句被执行，因此只能返回一个函数值。

（2）函数值的类型和函数定义中函数的类型应保持一致。如果两者不一致，则以函数类型为准，自动进行类型转换。

（3）如函数值为整型，在函数定义时可以省去类型说明。

（4）不返回函数值的函数，可以明确定义为"空类型"，类型说明符为"void"。如函数 s 并不向主函数返回函数值，因此可定义为：

```
void s (int n)
  {……
  }
```

一旦函数被定义为空类型后，就不能在主调函数中使用被调函数的函数值了。例如，在定义 s 为空类型后，在主函数中写下述语句

sum = s（n）;

就是错误的。为了使程序有良好的可读性并减少出错，凡不要求返回值的函数都应定义为空类型。

（三）函数的调用

1. 函数调用的一般形式

前面已经说过，在程序中是通过对函数的调用来执行函数体的，其过程与其他语言的子程序调用相似。C 语言中，函数调用的一般形式为：

函数名（实际参数表）

对无参函数调用时则无实际参数表。实际参数表中的参数可以是常数、变量或其他构造类型数据及表达式。各实参之间用逗号分隔。

2. 函数调用的方式

在 C 语言中，可以用以下几种方式调用函数：

（1）函数表达式：函数作为表达式中的一项出现在表达式中，以函数返回值参与表达式的运算。这种方式要求函数是有返回值的。例如：z = max（x, y）是一个赋值表达式，把 max 的返回值赋予变量 z。

（2）函数语句：函数调用的一般形式加上分号即构成函数语句。例如："printf（"% d", a）;""scanf（"% d", &b）;"都是以函数语句的方式调用函数。

（3）函数实参：函数作为另一个函数调用的实际参数出现。这种情况是把该函数的返回值作为实参进行传送，因此要求该函数必须是有返回值的。例如："printf（"% d"，max（x，y））；"即是把 max 调用的返回值又作为 printf 函数的实参来使用的。

3. 被调用函数的声明和函数原型

在主调函数中调用某函数之前应对该被调函数进行说明（声明），这与使用变量之前要先进行变量说明是一样的。在主调函数中对被调函数作说明的目的是使编译系统知道被调函数返回值的类型，以便在主调函数中按此种类型对返回值做相应的处理。

其一般形式为：类型说明符　被调函数名（类型 形参，类型 形参……）；

或为：类型说明符　被调函数名（类型，类型……）；

括号内给出了形参的类型和形参名，或只给出形参类型。这便于编译系统进行检错，以防止可能出现的错误。

例：main 函数中对 max 函数的说明为：

int max（int a，int b）；

或写为：int max（int，int）；

十、数组作为函数参数

数组可以作为函数的参数使用，进行数据传送。数组用作函数参数有两种形式，一种是把数组元素（下标变量）作为函数的实参使用；另一种是把数组名作为函数的形参和实参使用。

1. 数组元素作函数实参

数组元素就是下标变量，它与普通变量并无区别。因此它作为函数实参使用与普通变量是完全相同的，在发生函数调用时，把作为实参的数组元素的值传送给形参，实现单向的值传送。下例说明了这种情况。

例：判别一个整数数组中各元素的值，若大于 0 则输出该值，若小于等于 0 则输出 0值。编程如下：

```
void nzp (int v)
{
    if (v > 0)
      printf ("%d ", v);
    else
      printf ("%d ", 0);
}
main ()
{
    int a [5], i;
    printf ("input 5 numbers \n");
    for (i = 0; i < 5; i ++)
      {scanf ("%d", &a [i]);
      nzp (a [i]);}
}
```

本程序中首先定义一个无返回值函数 nzp，并说明其形参 v 为整型变量。在函数体中根据 v 值输出相应的结果。在 main 函数中用一个 for 语句输入数组各元素，每输入一个就以该元素作实参调用一次 nzp 函数，即把 a [i] 的值传送给形参 v，供 nzp 函数使用。

2. 数组名作为函数参数

用数组名作函数参数与用数组元素作实参有几点不同：

用数组元素作实参时，只要数组类型和函数的形参变量的类型一致，那么作为下标变量的数组元素的类型也和函数形参变量的类型是一致的。因此，并不要求函数的形参也是下标变量。换句话说，对数组元素的处理是按普通变量对待的。用数组名作函数参数时，则要求形参和相对应的实参都必须是类型相同的数组，都必须有明确的数组说明。当形参和实参二者不一致时，即会发生错误。

在普通变量或下标变量作函数参数时，形参变量和实参变量是由编译系统分配的两个不同的内存单元。在函数调用时发生的值传送是把实参变量的值赋予形参变量。在用数组名作函数参数时，不是进行值的传送，即不是把实参数组的每一个元素的值都赋予形参数组的各个元素。因为实际上形参数组并不存在，编译系统不为形参数组分配内存。那么，数据的传送是如何实现的呢？数组名就是数组的首地址。因此在数组名作函数参数时所进行的传送只是地址的传送，也就是说把实参数组的首地址赋予形参数组名。形参数组名取得该首地址之后，也就等于有了实参的数组。实际上是形参数组和实参数组为同一数组，共同拥有一段内存空间。

图 3-27 说明了这种情形。图中设 a 为实参数组，类型为整型。a 占有以 2000 为首地址的一块内存区。b 为形参数组名。当发生函数调用时，进行地址传送，把实参数组 a 的首地址传送给形参数组名 b，于是 b 也取得该地址 2000。于是 a、b 两数组共同占有以 2000 为首地址的一段连续内存单元。从图中还可以看出 a 和 b 下标相同的元素实际上也占相同的两个内存单元（整型数组每个元素占二字节）。例如 a [0] 和 b [0] 都占用 2000 和 2001 单元，当然 a [0] 等于 b [0]。类推则有 a [i] 等于 b [i]。

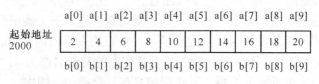

图 3-27　形参数组和实参数组

十一、局部变量和全局变量

在讨论函数的形参变量时曾经提到，形参变量只在被调用期间才分配内存单元，调用结束立即释放。这一点表明形参变量只有在函数内才是有效的，离开该函数就不能再使用了。这种变量有效性的范围称变量的作用域。不仅对于形参变量，C 语言中所有的量都有自己的作用域。变量说明的方式不同，其作用域也不同。C 语言中的变量，按作用域范围可分为两种，即局部变量和全局变量。

（一）局部变量

局部变量也称为内部变量。局部变量是在函数内作定义说明的。其作用域仅限于函数内，离开该函数后再使用这种变量是非法的。

例如：
```
int f1 (int a)        /* 函数 f1 */
{
int b, c;
……
}
```
a, b, c 有效。
```
int f2 (int x)        /* 函数 f2 */
{
int y, z;
……
}
```
x, y, z 有效。
```
main ()
{
int m, n;
……
}
```
m, n 有效。

在函数 f1 内定义了 3 个变量，a 为形参，b，c 为一般变量。在 f1 的范围内 a，b，c 有效，或者说 a，b，c 变量的作用域限于 f1 内。同理，x，y，z 的作用域限于 f2 内。m，n 的作用域限于 main 函数内。关于局部变量的作用域还要说明以下几点：

（1）主函数中定义的变量也只能在主函数中使用，不能在其他函数中使用。同时，主函数中也不能使用其他函数中定义的变量。因为主函数也是一个函数，它与其他函数是平行关系。这一点是与其他语言不同的，应予以注意。

（2）形参变量是属于被调函数的局部变量，实参变量是属于主调函数的局部变量。

（3）允许在不同的函数中使用相同的变量名，它们代表不同的对象，分配不同的单元，互不干扰，也不会发生混淆。如在前例中，形参和实参的变量名都为 n，是完全允许的。

（4）在复合语句中也可定义变量，其作用域只在复合语句范围内。

例：
```
main ()
{
    int i = 2, j = 3, k;
    k = i + j;
     {
      int k = 8;
      printf ("%d \n", k);
    }
    printf ("%d,%d \n", i, k);
}
```

本程序在 main 中定义了 i，j，k 三个变量，其中 k 未赋初值。而在复合语句内又定义了一个变量 k，并赋初值为 8。应该注意这两个 k 不是同一个变量。在复合语句外由 main 定义的 k 起作用，而在复合语句内则由在复合语句内定义的 k 起作用。因此程序第 4 行的 k 为 main 所定义，其值应为 5。第 7 行输出 k 值，该行在复合语句内，由复合语句内定义的 k 起作用，其初值为 8，故输出值为 8，第 9 行输出 i，k 值。i 是在整个程序中有效的，第 3 行对 i 赋值为 2，故输出也为 2。而第 9 行已在复合语句之外，输出的 k 应为 main 所定义的 k，此 k 值由第 4 行已获得为 5，故输出也为 5。

（二）全局变量

全局变量也称为外部变量，它是在函数外部定义的变量。它不属于哪一个函数，它属于一个源程序文件。其作用域是整个源程序。在函数中使用全局变量，一般应作全局变量说明。只有在函数内经过说明的全局变量才能使用。全局变量的说明符为 extern。但在一个函数之前定义的全局变量，在该函数内使用可不再加以说明。

例如：

```
int a, b;        /*外部变量*/
void f1 ()       /*函数 f1*/
  {
  ……
  }
float x, y;      /*外部变量*/
int f2 ()        /*函数 f2*/
  {
  ……
  }
main ()          /*主函数*/
  {
  ……
  }
```

从上例可以看出 a，b，x，y 都是在函数外部定义的外部变量，都是全局变量。但 x，y 定义在函数 f1 之后，而在 f1 内又无对 x，y 的说明，所以它们在 f1 内无效。a，b 定义在源程序最前面，因此在 f1，f2 及 main 内不加说明也可使用。

如果同一个源文件中，外部变量与局部变量同名，则在局部变量的作用范围内，外部变量被"屏蔽"，即它不起作用。

十二、变量的存储类别

从变量值存在的作用时间（即生存期）来分，可以分为静态存储方式和动态存储方式。

静态存储方式：是指在程序运行期间分配固定的存储空间的方式。

动态存储方式：是在程序运行期间根据需要进行动态的分配存储空间的方式。

用户存储空间可以分为以下 3 个部分：

（1）程序区。

（2）静态存储区。

（3）动态存储区。

如图 3 - 28 所示。

全局变量全部存放在静态存储区，在程序开始执行时给全局变量分配存储区，程序执行完毕就释放。在程序执行过程中它们占据固定的存储单元，而不动态地进行分配和释放。

动态存储区存放以下数据：

（1）函数形式参数。

（2）自动变量（未加 static 声明的局部变量）。

（3）函数调用时的现场保护和返回地址。

用户区
程序区
静态存储区
动态存储区

图 3 - 28　用户存储空间

对以上这些数据，在函数开始调用时分配动态存储空间，函数结束时释放这些空间。在 C 语言中，每个变量和函数有两个属性：数据类型和数据的存储类别。

（1）auto 变量。

函数中的局部变量，如不专门声明为 static 存储类别，都是动态地分配存储空间的，数据存储在动态存储区中。函数中的形参和在函数中定义的变量（包括在复合语句中定义的变量），都属此类，在调用该函数时系统会给它们分配存储空间，在函数调用结束时就自动释放这些存储空间。这类局部变量称为自动变量。自动变量用关键字 auto 作存储类别的声明。

例如：

```
int f (int a)      /*定义 f 函数，a 为参数*/
{auto int b, c = 3;      /*定义 b，c 自动变量*/
......
}
```

a 是形参，b，c 是自动变量，对 c 赋初值 3。执行完 f 函数后，自动释放 a，b，c 所占的存储单元。

关键字 auto 可以省略，auto 不写则隐含定为"自动存储类别"，属于动态存储方式。

（2）用 static 声明局部变量。

有时希望函数中的局部变量的值在函数调用结束后不消失而保留原值，这时就应该指定局部变量为"静态局部变量"，用关键字 static 进行声明。

例：考察静态局部变量的值。

```
f (int a)
{auto b = 0;
 static c = 3;
 b = b + 1;
 c = c + 1;
 return (a + b + c);
}
main ()
{int a = 2, i;
```

```
for (i =0; i <3; i ++)
printf ("%d", f (a));
}
```

对静态局部变量的说明：

① 静态局部变量属于静态存储类别，在静态存储区内分配存储单元。在程序整个运行期间都不释放。而自动变量（即动态局部变量）属于动态存储类别，占动态存储空间，函数调用结束后即释放。

② 静态局部变量在编译时赋初值，即只赋初值一次；而对自动变量赋初值是在函数调用时进行，每调用一次函数重新给一次初值，相当于执行一次赋值语句。

③ 如果在定义局部变量时不赋初值，则对静态局部变量来说，编译时自动赋初值 0（对数值型变量）或空字符（对字符型变量）。而对自动变量来说，如果不赋初值则它的值是一个不确定的值。

（3）register 变量。

为了提高效率，C 语言允许将局部变量的值放在 CPU 中的寄存器中，这种变量叫"寄存器变量"，用关键字 register 作声明。

例：使用寄存器变量。
```
int fac (int n)
{register int i, f =1;
for (i =1; i < =n; i ++)
f = f * i;
return (f);
}
main ()
{int i;
for (i =0; i < =5; i ++)
printf ("%d! = %d \n", i, fac (i));
}
```
说明：

① 只有局部自动变量和形式参数可以作为寄存器变量。

② 一个计算机系统中的寄存器数目有限，不能定义任意多个寄存器变量。

③ 局部静态变量不能定义为寄存器变量。

（4）用 extern 声明外部变量。

外部变量（即全局变量）是在函数的外部定义的，它的作用域为从变量定义处开始，到本程序文件的末尾。如果外部变量不在文件的开头定义，其有效的作用范围只限于定义处到文件终了。如果在定义点之前的函数想引用该外部变量，则应该在引用之前用关键字 extern 对该变量作"外部变量声明"。表示该变量是一个已经定义的外部变量。有了此声明，就可以从"声明"处起，合法地使用该外部变量。

例：用 extern 声明外部变量，扩展程序文件中的作用域。
```
int max (int x, int y)
```

```
{int z;
z = x > y? x: y;
return (z);
}
main ()
{extern A, B;
printf ("%d \n", max (A, B));
}
int A =13, B = -8;
```

说明：在本程序文件的最后 1 行定义了外部变量 A，B，由于外部变量定义的位置在函数 main 之后，因此在 main 函数中不能引用外部变量 A，B，但现在我们在 main 函数中用 extern 对 A 和 B 进行"外部变量声明"，就可以从"声明"处起，合法地使用该外部变量 A 和 B。

十三、预处理命令

在前面内容中，已多次使用过以"#"号开头的预处理命令。如包含命令#include，宏定义命令#define 等。在源程序中这些命令都放在函数之外，而且一般都放在源文件的前面，它们称为预处理部分。

C 语言提供了多种预处理功能，如宏定义、文件包含、条件编译等。合理地使用预处理功能编写的程序便于阅读、修改、移植和调试，也有利于模块化程序设计。下面介绍常用的几种预处理功能。

（一）宏定义

在 C 语言源程序中允许用一个标识符来表示一个字符串，称为"宏"。被定义为"宏"的标识符称为"宏名"。在编译预处理时，对程序中所有出现的"宏名"，都用宏定义中的字符串去代换，这称为"宏代换"或"宏展开"。

宏定义是由源程序中的宏定义命令完成的。宏代换是由预处理程序自动完成的。

在 C 语言中，"宏"分为有参数和无参数两种。下面分别讨论这两种"宏"的定义和调用。

1. 带参宏定义

C 语言允许宏带有参数。在宏定义中的参数称为形式参数，在宏调用中的参数称为实际参数。对带参数的宏，在调用中，不仅要宏展开，而且要用实参去代换形参。

带参宏定义的一般形式为：

#define 宏名（形参表）字符串

在字符串中含有各个形参。

带参宏调用的一般形式为：

宏名（实参表）；

例如：

```
#define  M (y)  y*y+3*y   /*宏定义*/
k = M (5);    /*宏调用*/
```

```
/* 在宏调用时，用实参 5 去代替形参 y，经预处理宏展开后的语句为：
k = 5 * 5 + 3 * 5 * /
#define  MAX (a, b) (a > b)? a: b
main ()
{
int x, y, max;
printf ("input two numbers:");
scanf ("%d,%d", &x, &y);
max = MAX (x, y);
printf ("max = %d \n", max);
}
```

上例程序的第一行进行带参宏定义，用宏名 MAX 表示条件表达式（a > b）? a: b，形参 a，b 均出现在条件表达式中。程序第七行 max = MAX （x，y）为宏调用，实参 x，y，将代换形参 a，b。宏展开后该语句为：max =（x > y）? x: y；用于计算 x，y 中的大数。

2. 无参宏定义

无参宏的宏名后不带参数。

其定义的一般形式为：

　　#define 标识符 字符串

其中的"#"表示这是一条预处理命令。凡是以"#"开头的均为预处理命令。"define"为宏定义命令。"标识符"为所定义的宏名。"字符串"可以是常数、表达式、格式串等。

在前面介绍过的符号常量的定义就是一种无参宏定义。此外，常对程序中反复使用的表达式进行宏定义。例如：

　　#define M (y * y + 3 * y)

它的作用是指定标识符 M 来代替表达式（y * y + 3 * y）。在编写源程序时，所有的（y * y + 3 * y）都可由 M 代替，而对源程序作编译时，将先由预处理程序进行宏代换，即用（y * y + 3 * y）表达式去置换所有的宏名 M，然后再进行编译。

对于宏定义还要说明以下几点。

（1）宏定义是用宏名来表示一个字符串，在宏展开时又以该字符串取代宏名，这只是一种简单的代换，字符串中可以含任何字符，可以是常数，也可以是表达式，预处理程序对它不作任何检查。如有错误，只能在编译已被宏展开后的源程序时发现。

（2）宏定义不是说明或语句，在行末不必加分号，如加上分号则连分号也一起置换。宏定义必须写在函数之外，其作用域为宏定义命令起到源程序结束。如要终止其作用域可使用#undef命令。

（3）宏定义允许嵌套，在宏定义的字符串中可以使用已经定义的宏名。在宏展开时由预处理程序层层代换。例如：

　　#define PI 3.1415926

　　#define S PI * y * y   /* PI 是已定义的宏名 */

对语句：

　　printf ("%f", S);

在宏代换后变为：

```
printf ("%f", 3.1415926 * y * y);
```

（4）习惯上宏名用大写字母表示，以便与变量区别。但也允许用小写字母。

应注意用宏定义表示数据类型和用 typedef 定义数据说明符的区别。

宏定义只是简单的字符串代换，是在预处理完成的，而 typedef 是在编译时处理的，它是对类型说明符重新命名。被命名的标识符具有类型定义说明的功能。

（二）文件包含

文件包含是 C 预处理程序的另一个重要功能。文件包含命令行的一般形式为：

```
#include"文件名"
```

文件包含命令的功能是把指定的文件插入该命令行位置取代该命令行，从而把指定的文件和当前的源程序文件连成一个源文件。

在程序设计中，文件包含是很有用的。一个大的程序可以分为多个模块，由多个程序员分别编程。有些公用的符号常量或宏定义等可单独组成一个文件，在其他文件的开头用包含命令包含该文件即可使用。这样，可避免在每个文件开头都去书写那些公用量，从而节省时间，并减少出错。

对文件包含命令还要说明以下几点。

（1）包含命令中的文件名可以用双引号括起来，也可以用尖括号括起来。例如以下写法都是允许的：

```
#include"stdio.h"
```

```
#include <math.h >
```

但是这两种形式是有区别的：使用尖括号表示在包含文件目录中去查找（包含目录是由用户在设置环境时设置的），而不在源文件目录去查找；

使用双引号则表示首先在当前的源文件目录中查找，若未找到才到包含目录中去查找。用户编程时可根据自己文件所在的目录来选择某一种命令形式。

（2）一个 include 命令只能指定一个被包含文件，若有多个文件要包含，则需用多个 include 命令。

（3）文件包含允许嵌套，即在一个被包含的文件中又可以包含另一个文件。

（三）条件编译

预处理程序提供了条件编译的功能。可以按不同的条件去编译不同的程序部分，因而产生不同的目标代码文件，这对于程序的移植和调试是很有用的。

条件编译有 3 种形式，下面分别介绍。

（1）第一种形式：

```
#ifdef   标识符
  程序段 1
#else
  程序段 2
#endif
```

它的功能是，如果标识符已被#define 命令定义过则对程序段 1 进行编译；否则对程序段 2 进行编译。如果没有程序段 2（它为空），本格式中的#else 可以没有，即可以写为：

```
#ifdef 标识符
程序段
#endif
```
（2）第二种形式：
```
#ifndef 标识符
  程序段1
#else
  程序段2
#endif
```

与第一种形式的区别是将"ifdef"改为"ifndef"。它的功能是，如果标识符未被#define命令定义过则对程序段 1 进行编译，否则对程序段 2 进行编译。这与第一种形式的功能正相反。

（3）第三种形式：
```
#if 常量表达式
  程序段1
#else
  程序段2
#endif
```

它的功能是，如常量表达式的值为真（非0），则对程序段 1 进行编译，否则对程序段 2 进行编译。因此可以使程序在不同条件下，完成不同的功能。

十四、指针

（一）地址指针的基本知识概述

在计算机中，所有的数据都是存放在存储器中的。一般把存储器中的一个字节称为一个内存单元，不同的数据类型所占用的内存单元数不等，如整型量占 2 个单元，字符量占 1 个单元等，为了正确地访问这些内存单元，必须为每个内存单元编上号。根据一个内存单元的编号即可准确地找到该内存单元。内存单元的编号也叫作地址，通常也把这个地址称为指针。内存单元的指针和内存单元的内容是两个不同的概念。对于一个内存单元来说，单元的地址即为指针，其中存放的数据才是该单元的内容。在 C 语言中，允许用一个变量来存放指针，这种变量称为指针变量。因此，一个指针变量的值就是某个内存单元的地址或称为某内存单元的指针。

图 3-29 中，设有字符变量 c，其内容为"K"（ASCII 码为十进制数 75），c 占用了 011A 号单元（地址用十六进数表示）。设有指针变量 p，内容为 011A，这种情况称为 p 指向变量 c，或说 p 是指向变量 c 的指针。

1. 变量的指针和指向变量的指针变量

变量的指针就是变量的地址。存放变量地址的变量是指针变量。即在 C 语言中，允许用一个变量来存放指针，这种变量称为指针变量。因此，一个指针变量的值就是某个变量的地址或称为某变量的指针。

为了表示指针变量和它所指向的变量之间的关系，在程序中用"＊"号表示"指向"，例如，i_ pointer 代表指针变量，而 ＊i_ pointer 是 i_ pointer 所指向的变量。如图 3-30 所示。

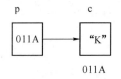

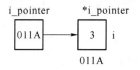

图 3-29 内存的单元内容　　　　图 3-30 指针变量和它所指向的变量

因此，下面两个语句作用相同：

i = 3；

* i_ pointer = 3；

第二个语句的含义是将 3 赋给指针变量 i_ pointer 所指向的变量。

2. 定义一个指针变量

对指针变量的定义包括以下 3 个内容：

（1）指针类型说明，即定义变量为一个指针变量。

（2）指针变量名。

（3）变量值（指针）所指向的变量的数据类型。

其一般形式为：

类型说明符　* 变量名；

其中，"*"表示这是一个指针变量，变量名即为定义的指针变量名，类型说明符表示本指针变量所指向的变量的数据类型。例如：

int * p1；

表示 p1 是一个指针变量，它的值是某个整型变量的地址。或者说 p1 指向一个整型变量。至于 p1 究竟指向哪一个整型变量，应由向 p1 赋予的地址来决定。

3. 指针变量的引用

指针变量同普通变量一样，使用之前不仅要定义说明，而且必须赋予具体的值。未经赋值的指针变量不能使用，否则将造成系统混乱，甚至死机。指针变量的赋值只能赋予地址，决不能赋予任何其他数据，否则将引起错误。在 C 语言中，变量的地址是由编译系统分配的，对用户完全透明，用户不知道变量的具体地址。

4. 两个有关的运算符

&：取地址运算符。

*：指针运算符（或称"间接访问"运算符）。

C 语言中提供了地址运算符 "&" 来表示变量的地址。其一般形式为：

& 变量名；

如 &a 表示变量 a 的地址，&b 表示变量 b 的地址。变量本身必须预先说明。

设有指向整型变量的指针变量 p，如要把整型变量 a 的地址赋予 p 可以有以下两种方式。

① 指针变量初始化的方法。例如：

int a；

int * p = &a；

② 赋值语句的方法。例如：

```
int a;
int *p;
```

p = &a;

我们定义了两个整型变量 i, x, 还定义了一个指向整型数的指针变量 ip。i, x 中可存放整数，而 ip 中只能存放整型变量的地址。我们可以把 i 的地址赋给 ip, 即:

ip = &i;

此时指针变量 ip 指向整型变量 i, 假设变量 i 的地址为 1800, 这个赋值可形象理解为图 3 -31 所示的联系。

以后我们便可以通过指针变量 ip 间接访问变量 i, 例如：

x = *ip;

运算符 *访问以 ip 为地址的存储区域，而 ip 中存放的是变量 i 的地址，因此，*ip 访问的是地址为 1800 的存储区域（因为是整数，实际上是从 1800 开始的两个字节），它就是 i 所占用的存储区域，所以上面的赋值表达式等价于：

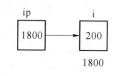

图 3 - 31　指针变量赋值

x = i;

指针变量可出现在表达式中，设：

int x, y, *px = &x;

指针变量 px 指向整数 x, 则 *px 可出现在 x 能出现的任何地方。例如：

```
y = *px +5;       /*表示把 x 的内容加 5 并赋给 y */
y = ++ *px;       /*px 的内容加上 1 之后赋给 y, ++ *px 相当于 ++ (*px) */
y = *px ++;       /*相当于 y = *px; px ++ */
```

例：输入 a 和 b 两个整数，按先大后小的顺序输出 a 和 b。

```
main ()
{ int *p1, *p2, *p, a, b;
  scanf ("%d,%d", &a, &b);
  p1 =&a; p2 =&b;
  if (a<b)
     {p =p1; p1 =p2; p2 =p;}
  printf ("\na =%d, b =%d \n", a, b);
  printf ("max =%d, min =%d \n", *p1, *p2);
}
```

（二）数组指针和指向数组的指针变量

一个变量有一个地址，一个数组包含若干元素，每个数组元素都在内存中占用存储单元，它们都有相应的地址。所谓数组的指针是指数组的起始地址，数组元素的指针是数组元素的地址。

1. 指向数组元素的指针

一个数组是由连续的一块内存单元组成的。数组名就是这块连续内存单元的首地址。一个数组也是由各个数组元素（下标变量）组成的。每个数组元素按其类型不同占有几个连续的内存单元。一个数组元素的首地址也是指它所占有的几个内存单元的首地址。

定义一个指向数组元素的指针变量的方法，与以前介绍的指针变量相同。例如：

int a [10];　　　/*定义 a 为包含 10 个整型数据的数组*/

int *p;　　　/*定义 p 为指向整型变量的指针*/

应当注意，因为数组为 int 型，所以指针变量也应为指向 int 型的指针变量。下面是对指针变量赋值：

p = &a [0];

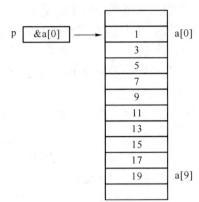

图 3 - 32　数组的地址

把 a [0] 元素的地址赋给指针变量 p。也就是说，p 指向 a 数组的第 0 号元素。如图 3 - 32 所示。

C 语言规定，数组名代表数组的首地址，也就是第 0 号元素的地址。因此，下面两个语句等价：

p = &a [0];

p = a;

在定义指针变量时可以赋给初值：

int *p = &a [0];

它等效于：

int *p;

p = &a [0];

当然定义时也可以写成：

int *p = a;

从图中可以看出有以下关系：

p，a，&a [0] 均指向同一单元，它们是数组 a 的首地址，也是 0 号元素 a [0] 的首地址。应该说明的是 p 是变量，而 a，&a [0] 都是常量。在编程时应予以注意。

数组指针变量说明的一般形式为：

类型说明符　*指针变量名；

其中类型说明符表示所指数组的类型。从一般形式可以看出指向数组的指针变量和指向普通变量的指针变量的说明是相同的。

2. 通过指针引用数组元素

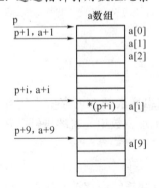

图 3 - 33　数组下标与地址对应关系

C 语言规定：如果指针变量 p 已指向数组中的一个元素，则 p + 1 指向同一数组中的下一个元素。

引入指针变量后，就可以用两种方法来访问数组元素了。

如果 p 的初值为 &a [0]，则：

p + i 和 a + i 就是 a [i] 的地址，或者说它们指向 a 数组的第 i 个元素。

指向数组的指针变量也可以带下标，如 p [i] 与 *(p + i) 等价。数组下标与地址对应关系如图 3 - 33 所示。

＊（p＋i）或＊（a＋i）就是 p＋i 或 a＋i 所指向的数组元素，即 a [i]。例如，＊（p＋5）或＊（a＋5）就是 a [5]。

根据以上叙述，引用一个数组元素可以用：

① 下标法，即用 a [i] 形式访问数组元素。在前面介绍数组时都是采用这种方法。

② 指针法，即采用＊（a＋i）或＊（p＋i）形式，用间接访问的方法来访问数组元素，其中 a 是数组名，p 是指向数组的指针变量，其初值 p＝a。

例：输出数组中的全部元素。（下标法）

```
main ()
{
  int a [10], i;
  for (i = 0; i < 10; i ++)
    a [i] = i;
  for (i = 0; i < 5; i ++)
    printf ("a [%d] = %d \n", i, a [i]);
}
```

例：输出数组中的全部元素。（通过数组名计算元素的地址，找出元素的值）

```
main ()
{
  int a [10], i;
  for (i = 0; i < 10; i ++)
    * (a + i) = i;
  for (i = 0; i < 10; i ++)
    printf ("a [%d] = %d \n", i, * (a + i));
}
```

例：输出数组中的全部元素。（用指针变量指向元素）

```
main ()
{
  int a [10], i, *p;
  p = a;
  for (i = 0; i < 10; i ++)
    * (p + i) = i;
  for (i = 0; i < 10; i ++)
    printf ("a [%d] = %d \n", i, * (p + i));
}
```

例：

```
main ()
{
  int a [10], i, *p = a;
  for (i = 0; i < 10;)
```

```
    {
      *p = i;
      printf ("a [%d] = %d \n", i ++, *p ++);
    }
}
```

几个注意的问题：

指针变量可以实现本身的值的改变。如 p ++ 是合法的，而 a ++ 是错误的。因为 a 是数组名，它是数组的首地址，是常量。

（1）要注意指针变量的当前值。

（2）*p ++，由于 ++ 和 * 同优先级，结合方向自右而左，等价于 * (p ++)。

（3）* (p ++) 与 * (++p) 作用不同。若 p 的初值为 a，则 * (p ++) 等价 a [0]，* (++p) 等价 a [1]。

（4）(*p) ++ 表示 p 所指向的元素值加 1。

（5）如果 p 当前指向 a 数组中的第 i 个元素，则

* (p --) 相当于 a [i --]；

* (++p) 相当于 a [++i]；

* (--p) 相当于 a [--i]。

3. 数组名作函数参数

数组名可以作函数的实参和形参。如：

```
main ()
{
int array [10];
  ......
f (array, 10);
  ......
}


f (int arr [], int n);
{
  ......
}
```

array 为实参数组名，arr 为形参数组名。在学习指针变量之后就更容易理解这个问题了。数组名就是数组的首地址，实参向形参传送数组名实际上就是传送数组的地址，形参得到该地址后也指向同一数组。这就好像同一件物品有两个彼此不同的名称一样。如图 3 - 34 所示。

同样，指针变量的值也是地址，数组指针变量的值即为数组的首地址，当然也可作为函数的参数使用。

例：将数组 a 中的 n 个整数按相反顺序存放。

算法为：将 a [0] 与 a [n-1] 对换，再将 a [1] 与 a [n-2] 对换……，直到将

a［（n-1/2）］与a［n-int（（n-1）/2）］对换。今用循环处理此问题，设两个"位置指示变量"i和j，i的初值为0，j的初值为n-1。将a［i］与a［j］交换，然后使i的值加1，j的值减1，再将a［i］与a［j］交换，直到i=（n-1）/2为止，如图3-35所示。

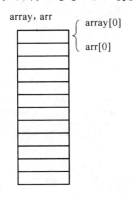

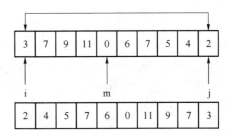

图3-34　实参数组名与形参数组名　　　　图3-35　算法示意图

程序如下：

```
void inv (int x [], int n)      /*形参x是数组名*/
{
 int temp, i, j, m = (n-1) /2;
 for (i =0; i < =m; i ++)
{j =n -1 -i;
 temp =x [i]; x [i] =x [j]; x [j] =temp;}
 return;
}
main ()
{int i, a [10] = {3, 7, 9, 11, 0, 6, 7, 5, 4, 2};
 printf ("The original array: \n");
 for (i =0; i <10; i ++)
  printf ("%d,", a [i]);
 printf (" \n");
 inv (a, 10);
 printf ("The array has benn inverted: \n");
 for (i =0; i <10; i ++)
 printf ("%d,", a [i]);
 printf (" \n");
}
```

对此程序可以作一些改动。将函数inv中的形参x改成指针变量。

例：对上例可以作一些改动。将函数inv中的形参x改成指针变量。

程序如下：

```
void inv (int *x, int n)      /*形参x为指针变量*/
```

```
{
  int *p, temp, *i, *j, m = (n-1) /2;
  i = x; j = x+n-1; p = x+m;
  for (; i < =p; i++, j--)
      {temp = *i; *i = *j; *j =temp;}
  return;
}
main ()
{int i, a [10] = {3, 7, 9, 11, 0, 6, 7, 5, 4, 2};
 printf ("The original array: \n");
 for (i =0; i <10; i ++)
   printf ("%d,", a [i]);
 printf (" \n");
 inv (a, 10);
 printf ("The array has benn inverted: \n");
 for (i =0; i <10; i ++)
   printf ("%d,", a [i]);
 printf (" \n");
}
```

运行情况与前一程序相同。

(三) 函数指针变量

在 C 语言中，一个函数总是占用一段连续的内存区，而函数名就是该函数所占内存区的首地址。可以把函数的这个首地址（或称入口地址）赋予一个指针变量，使该指针变量指向该函数。然后通过指针变量就可以找到并调用这个函数。通常把这种指向函数的指针变量称为"函数指针变量"。

函数指针变量定义的一般形式为：

类型说明符　（∗指针变量名）（）；

其中"类型说明符"表示被指函数的返回值的类型。"（∗指针变量名）"表示"∗"后面的变量是定义的指针变量。最后的空括号表示指针变量所指的是一个函数。

例如：

int (∗pf) ();

表示 pf 是一个指向函数入口的指针变量，该函数的返回值（函数值）是整型。

函数指针变量形式调用函数的步骤如下：

（1）先定义函数指针变量，如"int (∗pmax) ();"定义 pmax 为函数指针变量。

（2）把被调函数的入口地址（函数名）赋予该函数指针变量，如 pmax = max;

（3）用函数指针变量形式调用函数，如 z = (∗pmax) (x, y);

（4）调用函数的一般形式为：

（∗指针变量名）（实参表）

使用函数指针变量还应注意以下两点：

（1）函数指针变量不能进行算术运算，这是与数组指针变量不同的。数组指针变量加减一个整数可使指针移动指向后面或前面的数组元素，而函数指针的移动是毫无意义的。

（2）函数调用中"（*指针变量名）"的两边的括号不可少，其中的*不应该理解为求值运算，在此处它只是一种表示符号。

下面介绍指针型函数。

前面介绍过，所谓函数类型是指函数返回值的类型。在 C 语言中允许一个函数的返回值是一个指针（即地址），这种返回指针值的函数称为指针型函数。

定义指针型函数的一般形式为：

类型说明符 * 函数名（形参表）
｛
……   /* 函数体 * /
｝

其中函数名之前加了"*"号表明这是一个指针型函数，即返回值是一个指针。类型说明符表示了返回的指针值所指向的数据类型。

如：

int * ap（int x, int y）
｛
……   /* 函数体 * /
｝

表示 ap 是一个返回指针值的指针型函数，它返回的指针指向一个整型变量。

十五、位运算

前面介绍的各种运算都是以字节作为最基本位进行的。但在很多系统程序中常要求在位（bit）一级进行运算或处理。

C 语言提供了 6 种位运算符，即

&	按位与
|	按位或
^	按位异或
~	取反
< <	左移
> >	右移

1. 按位"与"运算

按位"与"运算符"&"是双目运算符。其功能是参与运算的两数各对应的二进制位相与。只有对应的两个二进制位均为 1 时，结果位才为 1，否则为 0。参与运算的数以补码方式出现。

例如：9&5 可写算式如下：

```
    00001001        （9 的二进制补码）
   &00000101        （5 的二进制补码）
    00000001        （1 的二进制补码）
```

可见 9&5 = 1。

按位"与"运算通常用来对某些位清 0 或保留某些位。例如把 a 的高 8 位清 0，保留低 8 位，可作 a&255 运算（255 的二进制数为 0000000011111111）。

例：

```
main ()
{
    int a = 9, b = 5, c;
    c = a&b;
    printf ("a = %d \nb = %d \nc = %d \n", a, b, c);
}
```

2. 按位"或"运算

按位"或"运算符"|"是双目运算符。其功能是参与运算的两数各对应的二进制位相或。只要对应的两个二进制位有一个为 1 时，结果位就为 1。参与运算的两个数均以补码出现。

例如：9 | 5 可写算式如下：

```
  00001001
| 00000101
  00001101        （十进制为 13） 可见 9 | 5 = 13
```

例：

```
main ()
{
    int a = 9, b = 5, c;
    c = a | b;
    printf ("a = %d \nb = %d \nc = %d \n", a, b, c);
}
```

3. 按位"异或"运算

按位"异或"运算符"^"是双目运算符。其功能是参与运算的两数各对应的二进制位相异或，当两对应的二进制位相异时，结果为 1。参与运算数仍以补码出现，例如 9^5 可写成算式如下：

```
  00001001
^ 00000101
  00001100        （十进制为 12）
```

例：

```
main ()
{
    int a = 9;
    a = a ^ 5;
    printf ("a = %d \n", a);
}
```

4. 求"反"运算

求"反"运算符"~"为单目运算符,具有右结合性。其功能是对参与运算的数的各二进制位按位求反。

例如, ~9 的运算为:

~ (0000000000001001) 结果为: 1111111111110110

5. 左移运算

左移运算符"<<"是双目运算符。其功能把"<<"左边的运算数的各二进制位全部左移若干位,由"<<"右边的数指定移动的位数,高位丢弃,低位补0。

例如:

a < <4

指把 a 的各二进制位向左移动 4 位。如 a = 00000011(十进制3),左移 4 位后为 00110000(十进制48)。

6. 右移运算

右移运算符">>"是双目运算符。其功能是把">>"左边的运算数的各二进制位全部右移若干位,">>"右边的数指定移动的位数。

例如:

设 a = 15,

a > >2

表示把 000001111 右移为 00000011(十进制3)。

应该说明的是,对于有符号数,在右移时,符号位将随同移动。当为正数时,最高位补0,而为负数时,符号位为1,最高位是补0或是补1取决于编译系统的规定。

例:

```
main ()
{
    unsigned a, b;
    printf ("input a number:    ");
    scanf ("%d", &a);
    b = a > >5;
    b = b&15;
    printf ("a = %d \tb = %d \n", a, b);
}
```

3.5.2 ADS1.2 的 C 程序设计

编写 C 语言的入口汇编程序(add. s):

```
IMPORT main
    AREA add, CODE, READONLY
    CODE32
    ENTRY
      BL main
          END
```

编写 C 语言程序（main. c）：

```
int main (void)
{
while (1);
}
```

将 add. s 和 main. c 程序添加到项目中后进行如下设置。

设置"ARM Linker"：

（1）在"Output"中"Linktype"选"Simple"，将"Simple image"中"RO Base"设为"0x0，RE Base"为空。

（2）"Options"中的"Image entry point"中输入 0x0，单击"Apply"后单击"OK"后退出。

设置"ARM fromELF"中"Out format"为 Intel 32 bit Hex，单击"Apply"后单击"OK"后退出。

编译后 Make，然后 Debug 运行 AXD，单击"GO"，在 AXD 可以看到程序进入了 C 语言程序 main 中运行。

小　　结

本章系统地介绍了 ARM 指令集中的基本指令，以及各指令的应用场合及方法，由基本指令还可以派生出一些新的指令，但使用方法与基本指令类似。与常见的如 X86 体系结构的汇编指令相比较，ARM 指令系统无论是从指令集本身，还是从寻址方式上，都相对复杂一些。

 习　题

3.1　ARM7 有几种寻址方式？

3.2　比较 ADC 与 ADD、MOV 与 MVN、LDR 与 STR 等指令间的异同？

Proteus软件简介及应用

Proteus 是英国 Labcenter 公司开发的电路分析与实物仿真软件。它运行于 Windows 操作系统上，可以仿真、分析（SPICE）各种模拟器件和集成电路，该软件的特点如下：

（1）实现了单片机仿真和 SPICE 电路仿真相结合。具有模拟电路仿真、数字电路仿真、单片机及其外围电路组成的系统的仿真、RS232 动态仿真、I^2C 调试器、SPI 调试器、键盘和 LCD 系统仿真的功能；有各种虚拟仪器，如示波器、逻辑分析仪、信号发生器等。

（2）支持主流单片机系统的仿真。目前支持的单片机类型有：ARM7（LPC21xx）、8051/52 系列、AVR 系列、PIC10/12/16/18 系列、HC11 系列以及多种外围芯片。

（3）提供软件调试功能。在硬件仿真系统中具有全速、单步、设置断点等调试功能，同时可以观察各个变量、寄存器等的当前状态，因此在该软件仿真系统中，也必须具有这些功能；同时支持第三方的软件编译和调试环境，如 Keil C51 μVision2、MPLAB 等软件。

（4）具有强大的原理图绘制功能。总之，该软件是一款集单片机和 SPICE 分析于一身的仿真软件，功能极其强大。

借助 Proteus 对 CPU 和外围电路强大的仿真能力以及丰富的资源库，可以有效地替代硬件仿真器进行先期的软硬件调试，等到仿真结果基本理想时再进行实际的硬件调试。

可在 Proteus 官网 http：//www. labcenter. com/index. cfm 下载 Proteus 后安装。

4.1　Proteus 电路原理的设计

Proteus 主要由 ISIS 和 ARES 两部分组成，ARES 主要用于 PCB 设计，ISIS 主要用于电路原理图的设计及仿真。

使用 Proteus 仿真的基础是要准确绘制原理图，并进行合理的设置。绘制原理图使用ISIS 原理图输入系统。下面以一个实际的 ARM 仿真为例，介绍如何使用 Proteus 进行电路原理图设计。

启动 Proteus 原理图设计的步骤如下:

"开始"→"所有程序"→"Protues 7 Professional"→"ISIS 7 Professional",程序启动后出现对话框,单击"NO"按钮后就可以进入原理图编辑界面。

Protues ISIS 的工作界面是一种标准的 Windows 界面,包括:标题栏、主菜单、工具箱、工具栏、状态栏、对象选择按钮、对象方位控制按钮、仿真进程控制按钮、预览窗口、对象选择器、编辑窗口。下面简单介绍编辑窗口、预览窗口、对象选择器等方面的知识。

1. 编辑窗口

编辑窗口主要完成电路设计图的绘制和编辑。为了作图方便,在编辑窗口内设置有点状栅格,若想除去栅格可以由 View 菜单的 Grid 菜单项切换。在编辑窗口内放置编辑对象时,被编辑对象所能移动的最小距离称作 Snap,亦可由 View 菜单进行设置。

2. 预览窗口

预览窗口可以显示编辑窗口的全部原理图,也可以显示从对象选择器中选中的对象。当预览窗口显示全部原理图时,在预览窗口有两个框,蓝框表示当前页的边界,绿框表示当前编辑窗口显示的区域。在预览窗口上单击,Protues ISIS 将以单击位置为中心刷新编辑窗口。当从对象选择器选中对象时,预览窗口将预览选中的对象,此时,如果在编辑窗口内单击,预览窗口内的对象将被放置到编辑窗口,这称为 Protues ISIS 的放置预览特性。

3. 对象选择器

在程序设计中,经常用到对象这一概念。所谓对象,是一种将状态(数据)和行为(操作)合成到一起的软件构造,用来描述真实世界的一个物理实体或概念性的实体。在 Protues ISIS 中,元器件、终端、引脚、图形符号、标注、图表、虚拟仪器和发生器都赋予了物理属性和操作方法,它们就是一个软件对象。

在工具箱中,系统集成了大量的与绘制电路图有关的对象。选择相应的工具箱图标按钮,系统将提供不同的操作功能。工具箱图标按钮所对应的操作功能如表 4-1 所列。

表 4-1 工具箱各图标按钮所对应的操作功能

名称	功能
Component	选择元器件
Junction dot	在原理图中添加连接点
Wire label	给导线添加标注
Text script	在电路图中输入文本
Bus	在电路图中绘制总线
Sub – circuit	绘制子电路图块
Instant edit mode	即时编辑模式
Inter – sheet Terminal (Terminals)	图纸内部的连接端子(终端)
Device Pin	元器件引脚
Simulation Graph	仿真分析图表
Tape recorder	当对设计电路分割仿真时采用此模式
Generator	发生器(或激励源)

名称	功能
Voltage prob	电压探针
Current prob	电流探针
Virtual Instruments	虚拟仪器
2D graphics line	2D 制图画线
2D graphics box	2D 制图画方框
2D graphics circle	2D 制图画圆
2D graphics arc	2D 制图画弧
2D graphics path	2D 制图画任意闭合轨迹图形
2D graphics text	（输入）2D 图形文字
2D graphics symbol	（选择）2D 图形符号
2D graphics markers mode	（选择）2D 图形标记模式

在对象选择器中，系统根据选择不同的工具箱图标按钮决定当前状态显示的内容。

Protues 提供了大量的元器件，通过对象选择按钮 P（Pick from Library），我们可以从元器件库中提取需要的元器件，并将其置入对象选择器中，供今后绘图时使用。为了寻找和使用元器件的方便，现将元器件目录及常用元器件名称中英文对照列于表 4－2 中。

表 4－2　元器件目录及常用元器件名称中英文对照

元器件目录名称		常用元器件名称	
英文	中文	英文	中文
Analog ICs	模拟集成电路芯片	AMEMETER	电流表
Capacitors	电容	Voltmeter	电压表
CMOS 4000 series	CMOS 4000 系列	Battery	电池/电池组
Connectors	连接器	Capacitor	电容器
Data Converters	数据转换器	Clock	时钟
Debugging Tools	调试工具	Crystal	晶振
Diodes	二极管	D－Flip－Flop	D 触发器
ECL 10000 series	ECL 10000 系列	Fuse	熔断丝
Electromechanical	机电的（电机类）	Ground	低
Inductors	电感器（变压器）	Lamp	灯
Laplace Primitives	常用拉普拉斯变换	LED	发光二极管
Memory ICs	存储芯片	LCD	液晶显示屏
Microprocessor ICs	微处理器芯片	Motor	电机

续表

元器件目录名称		常用元器件名称	
Miscellaneous	杂项	Stepper Motor	步进电机
Modelling Primitives	仿真原型	POWER	电源
Operational Amplifiers	运算放大器	Resistor	电阻器
optoelectronics	光电类	Inductor	电感
PLDs & FPGAs	PLDs 和 FPGAs 类	Switch	开关
Resistors	电阻类	Virtual Terminal	虚拟终端
Simulator Primitives	仿真器原型	PROBE	探针
Speakers & Sounders	声音类	Sensor	传感器
Switches & Relays	开关与继电器	Decoder	解（译）码器
Switching Devices	开关器件	Encoder	编码器
Thermionic Valves	真空管	Filter	滤波器
Transistors	晶体管	Optocoupler	光耦合器
TTL 74 series	TTL 74 系列	Serial port	串行口
TTL 74 ALS series	TTL 74 ALS 系列	Parallel port	并行口
TTL 74 LS series	TTL 74 LS 系列	Alphanumeric LCDs	字母数字的 LCD
TTL 74 HC series	TTL 74 HC 系列	7 – Segment Displays	7 段数码显示器

如图 4-1 所示，窗口最左侧是工具箱。此时绘图工具栏中的"Selection Mode" ![箭头] 单击窗口处于选中的状态，单击"对象选择按钮" ![P]，出现"Pick Devices"窗口，在窗口的"Category"栏中选择"Microprocessor ICs"项，然后在"Sub – category"栏中选择"ARM Family"项，在右边的"Results"栏中选"LPC2106"项后单击窗口右下角的"OK"按钮。

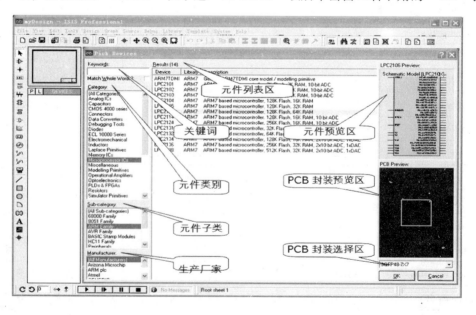

图 4-1　原理图各部分模块功能

选取元件步骤如下：

右击"设计图纸"→"Place"→"Component"→"LPC2106"→放在合适的位置。

摆放其他元件：

元件以默认的方向摆放，可以使用元件的旋转与翻转命令，改变元件的方向：右击"目标元件"→"Rotate"。

双击元件可以改变元件的参数，如电阻的阻值等，如图4-2所示。

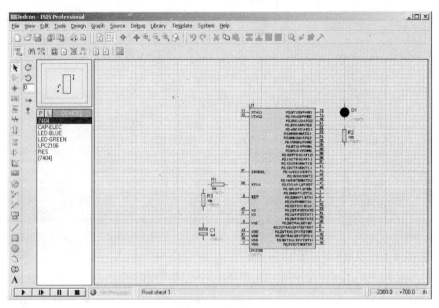

图4-2　放置元件

添加电源：单击工具栏中的 图标，或右击"设计图纸"→"Place"→"Terminal"→"POWER"，如图4-3所示。

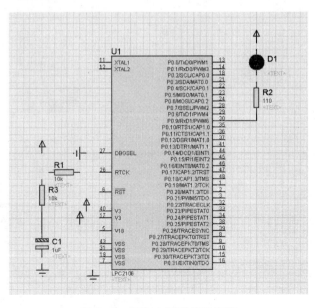

图4-3　添加电源和接地终端

Proteus 支持自动布线：分别单击两个引脚（注意对准小红框），两个引脚之间会自动添加走线，也可以手动走线，或手动修正走线。连接走线后的电路如图 4-4 所示。

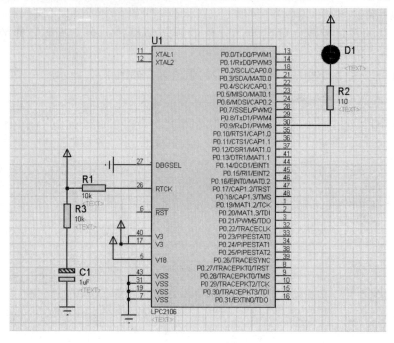

图 4-4　连接走线后的电路图

添加电源电压标签：双击电源终端，在"Edit Terminal Label"对话窗口中输入电压值"3.3 V"。

配置电源电压：单击"Design"→"Configure Power Rails …"，弹出窗口如图 4-5 所示。注意：配置电源对仿真很重要。

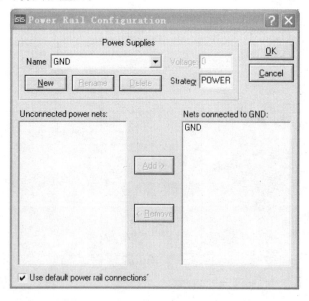

图 4-5　配置电源

输入电源电压值：单击 New，在弹出的对话框中输入电压值 3.3 V，如图 4-6 所示，添加电源供给。提示：如果在定义电源时带上符号，例如 +3.3 V，软件会自动加上这个电源。

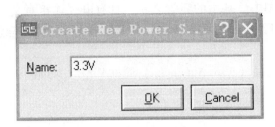

图 4-6　输入电压值

单击"OK"按钮，选择"Unconnected power nets"列表框中的电压值 3.3 V，单击"Add"按钮，右侧列表框显示 3.3 V，如图 4-7 所示。用同样的方法添加 1.8 V 电源。

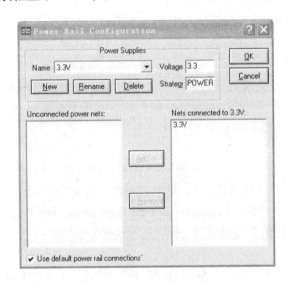

图 4-7　配置好的电源

添加".hex"文件：

原理图绘好后需要加载可执行文件"*.hex"才能进行仿真运行，加载方法如下。

（1）双击原理图 LPC2106 元件，可弹出标签对话框。

（2）单击"Program File"参数框后面的文件夹按钮，在文件夹中找到经过编译形成的可执行文件（如 LED.hex），单击"OK"按钮结束加载过程。

4.2　Proteus 使用过程中的一些常见问题

1. 绘制总线

ISIS 支持在层次模块间运行总线，同时也支持库元器件为总线型引脚。

单击工具箱中的"Buses Mode"按钮，使之处于选中状态。将鼠标指针置于编辑窗口，在总线的起始位置单击，然后移动鼠标指针，到其终止位置双击，即可结束总线绘制。在绘制多段连续总线时，只需要在拐点处单击，步骤与绘制一段总线相同。

2. 导线连接

导线是电气元器件图中最基本的元素之一，具有电气连接意义。在 ISIS 编辑环境中没有绘制导线工具，这是因为 ISIS 具有智能化特点，在想要绘制导线的时候能够进行自动检测。

ISIS 具有导线自动路径（Wire Autorouter：简称 WAR）功能，当选中两个接点后，WAR 将选择一个合适的路径完成连接。

3. 导线标注

导线标签按钮用于对一组线或一组引脚编辑网络名称，以及对特定的网络指定名称。

单击工具箱中的"Wire Lable Mode"按钮，使之处于选中状态。将鼠标指针置于编辑窗口的欲标标签的导线上，则鼠标指针上会出现"（"符号，表明找到了可以标注的导线；单击，则弹出导线标签编辑界面。

在导线标签编辑界面内"String"文本框中输入标签名称。标签名放置的相对位置可以通过界面下部的单选项进行选择。

4. 编辑对象的属性

在 ISIS 中，对象的含义及其广泛。一个元器件、一根导线、一根总线、一个导线标签均可视为一个对象。对于任何一个对象，系统都给它赋予了许多属性。用户可以通过对象属性编辑界面给对象的属性重新赋值。

对象属性编辑的步骤为：

（1）在工具箱中选择"Instant Edit Mode"按钮，进入即时编辑模式。

（2）先指向对象单击（即可选中），再单击对象（或先指向对象，然后右击对象，在弹出的右键快捷菜单中选择"Edit Properties or Edit Wire Style, etc."），均可打开对象编辑界面，在此页面完成对属性值的重新设定。

5. 制作标题栏

选中工具箱中的"2D Graphics Symbols Mode"按钮，单击"Pick from Library"按钮，则弹出"Pick Symbols"对话框。

在"Libraries"列表框中选择"SYSTEM"库。在"Objects"列表框中选择"HEADER"，则在预览窗口显示出该对象的图形。双击"HEADER"，便可将其加入至对象选择器中。选择"Design | Edit design properties"菜单项，在弹出的设计属性界面中，对 Title（设计标题）、Doc. No（文档编号）、Reversion（版本）和 Author（作者）各项进行设置。

将 HEADER 放置到编辑区域，我们注意到，在设计属性界面中设置的内容能够传递到 HEADER 图块中。

欲编辑此图块，可先选中该图块，单击工具栏上的"Decompose"按钮，或选择"Library | Decompose"菜单项，组成该图块的任意元素便可随意编辑。编辑完毕后，将该标题框所有内容选中，再选择"Library | Make Symbol"菜单项，在弹出的"Make Symbol"界面内选中"USERSYM"，在"Symbol name"文本框中输入"标题栏"，在"Type"单选项目下选择"Graphic"，即可完成标题栏的制作。

6. proteus 中怎样使用模板

执行"file"→"new design"命令，在弹出的对话框中就可以选择模板了；

执行"file"→"save design as template…"命令就可以保存模板了；

打开或制作一个自己常用的电路；

另存为模板，即：save as template 替换默认文件夹里的 Templates \ Default. DTF。

7. 第三方软件如何用

把第三方库安装好，然后启动 proteus，选择菜单"system"→"set path"命令，分别增加 model 和 library。

8. 电源和地的运用总结

在 proteus 仿真画图过程中，有正电源（VDD/VCC）、负电源（VEE）、地（VSS）引脚的元器件（这些元器件的这些脚没有在图中显示），软件会自动把其电源底脚定义为相应的电压，所以在这些元器件上的电源地脚上不接电源地也是正确的。

如果要用到确定的直流电压，就可以用工具栏（默认是第八个）中的 POWER 和 GROUND，像放置元器件一样来放置电源和地，电源的默认值是 +5 V，地默认为 0 V。如果需要 10 V 的电压，则可在电源的设置选项卡的"string"里输入 +10 V 就可以了。不过要注意：前面的"+"号一定要加上，否则不能仿真。电压默认的单位为 V，就是说输入 +10，电压也是 +10 V。虽然地的默认值是 0 V，但如果像设置 POWER 一样在其"string"选项里写入电压值，其电压就是你设置的大小，而不是 0 V 了，也就是说，地也可以作电源用，对于负电源，负号大家都会加上的。

9. 电流探针（probe）与电压探针表运用总结

首先，在实际生活中都可能涉及测量电压、电流值的情况。电压电流表都有两个端子，而在探针中，只有一个端子，因此可认为电压表是并入的电压探针一端接入要测的那点（可以引出线，同一条线上电压相同）。电压探针默认另一个端子是接地的，也就是说测的是对地的电压。测一条线上的电流时，电流表要串联进去，只有一个端子怎么串联？不要在那条线上引出线接到电流探针上，那样就成了测引出线上的电流了，而引出的线上一般是没有电流的。正确的测法是：把电流探针直接放在要测的线上的一点就可以了。另外电流探针有个箭头，放的时候调整电流表的角度，使箭头指向电流的方向。另外，在软件中还有电流表和电压表（在示波器那个工具按钮里），和实际中的一样，但测出的精度只有小数后两位，没有探针的精度高。电压表与电流表的确只有两位小数的精度，但是它的单位是可以调的。如果把它的单位调整成毫伏（毫安）或微伏（微安），精度就会大幅提高。

10. proteus 常用快捷键

F8：全部显示，当前工作区全部显示。

F6：放大，以鼠标为中心放大。

F7：缩小，以鼠标为中心缩小。

G：栅格开关，栅格网格。

Ctrl + F1：栅格宽度 0.1 mm，显示栅格为 0.1 mm，在 pcb 的时候很有用。

F2：栅格为 0.5 mm，显示栅格为 0.5 mm，在 pcb 的时候很有用。

F3：栅格为 1 mm，显示栅格为 1 mm，在 pcb 的时候很有用。

F4：栅格为 2.5 mm，显示栅格为 2.5 mm，在 pcb 的时候很有用。

Ctrl + s：打开关闭磁吸，磁吸用于对准一些点的，如引脚等。

x：打开关闭定位坐标，显示一个大十字射线。

m：显示单位切换，mm 和 th 之间的单位切换，在右下角显示。

o：重新设置原点，将鼠标指向的点设为原点。

u：撤销键。

PgDn：改变图层。

PgUp：改变图层。

Ctrl + PgDn：最底层。

Ctrl + PgUp：最顶层。

Ctrl + 画线：可以画曲线。

R：刷新。

+－：旋转。

F5：重定位中心。

第 5 章

LPC2106嵌入式微处理器硬件结构

5.1　LPC2000 系列简介

　　LPC2000 系列微控制器基于 ARM7TDMI – S CPU 内核。支持 ARM 和 Thumb 指令集，芯片内集成丰富的外设，而且具有非常低的功率消耗。使该系列微控制器特别适用于工业控制、医疗系统、访问控制和 POS 机等场合。LPC2000 系列器件信息见表 5 – 1。

表 5 – 1　LPC2000 系列器件信息

器件型号	引脚数	片内 RAM	片内 Flash	10 位 A/D 通道数	CAN 控制器	备注
LPC2114	64	16KB	128KB	4	—	—
LPC2124	64	16KB	256KB	4	—	—
LPC2210	144	16KB	—	8	—	带外部存储器接口
LPC2212	144	16KB	128KB	8	—	
LPC2214	144	16KB	256KB	8	—	
LPC2119	64	16KB	128KB	4	2	—
LPC2129	64	16KB	256KB	4	2	—
LPC2194	64	16KB	256KB	4	4	—
LPC2290	144	16KB	—	8	2	带外部存储器接口
LPC2292	144	16KB	256KB	8	2	
LPC2294	144	16KB	256KB	8	4	
LPC2131	64	8KB	32KB	8	—	—

续表

器件型号	引脚数	片内 RAM	片内 Flash	10 位 A/D 通道数	CAN 控制器	备注
LPC2132	64	16KB	64KB	8	—	带 1 路 DAC
LPC2134	64	16KB	128KB	双 8 路	—	
LPC2136	64	16KB	256KB	双 8 路	—	
LPC2138	64	32KB	512KB	双 8 路	—	

LPC2000 系列微控制器包含以下四大部分：

（1）ARM7TDMI－S　CPU。

（2）ARM7 局部总线及相关部件。

（3）AHB 高性能总线及相关部件。

（4）VLSI 外设总线及相关部件。

LPC2000 芯片内部框图如图 5－1 所示。

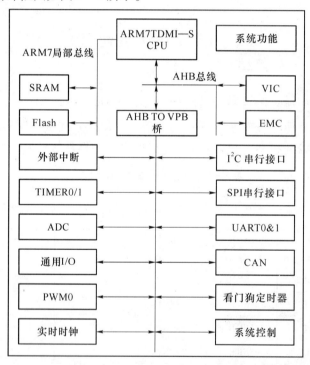

图 5－1　LPC2000 芯片内部框图

LPC2000 系列微控制器将 ARM7TDMI－S 配置为小端模式（Little－endian）。

AHB 外设分配了 2 M 字节的地址范围，它位于 4 G 字节 ARM 寻址空间的最顶端。每个 AHB 外设都分配了 16 KB 的地址空间。

LPC2000 系列微控制器的外设功能（除中断控制器）都连接到 VPB 总线。AHB 到 VPB 的桥将 VPB 总线与 AHB 总线相连。VPB 外设也分配了 2 M 字节的地址范围，从 3.5 GB 地址点开始。每个 VPB 外设都分配了 16 KB 的地址空间。

LPC2000 芯片内部各单元简介：

（1）内部存储器包括无等待 SRAM 和 Flash。

（2）系统功能包括维持芯片工作的一些基本功能，如系统时钟、复位等。

（3）向量中断控制器（VIC）可以减少中断的响应时间，最多可以管理 32 个中断请求。

（4）外部存储器控制器（EMC）支持 4 个 BANK 的外部 SRAM 或 Flash，每个 BANK 最多 16 MB。

（5）I^2C 串行接口为标准的 I^2C 总线接口，支持最高速度 400 kbit/s。

（6）具有两个完全独立的 SPI 控制器，遵循 SPI 规范，可配置为 SPI 主机或从机。

（7）具有两个 UART 接口，均包含 16 字节的接收/发送 FIFO，内置波特率发生器。其中 UART1 具有调制解调器接口功能。

（8）在 LPC2119/2129/2290/2292 等芯片中包含 CAN 总线接口。

（9）看门狗定时器带有内部分频器，可以方便设置溢出时间，在软件使能看门狗后只有复位可以禁止（具有调试模式）。

（10）系统控制模块包括一些与其他外设无关的功能，如功率控制等。

（11）外部中断有 4 路多引脚输入，可用于 CPU 掉电唤醒。

（12）定时器 0/1 为两个独立的带可编程 32 位预分频器的 32 位定时器/计数器，具有捕获和匹配输出功能。

（13）具有 4/8 路 10 位 ADC，可以设置为多路循环采样模式。10 位转换时间最短为 2.44 μs。

（14）不同封装的芯片具有数目不等的 I/O 口，它们可以承受 5 V 电压。每个 I/O 口可以独立设置为输入/输出模式，在作为输出模式时可以分别置位或清零。

（15）脉宽调制器可以灵活设置，以适应不同的场合。可以设置为单边沿或双边沿输出方式，可以灵活地设置频率和占空比。

（16）实时时钟具有可编程的积存时钟分频器，以适应不同的晶振频率。带日历和时钟功能，提供秒、分、时、日、月、年和星期，同时具有非常小的功耗。

5.2　通用输入/输出端口 GPIO 相关寄存器描述

LPC2000 系列微控制器的大部分管脚都具有多种功能，即管脚复用，但是同一引脚在同一时刻只能使用其中一个功能，通过配置相关寄存器控制多路开关来连接引脚与片内外设。LPC2106 包含两个可以进行读/写的引脚功能选择寄存器 PINSEL0、PINSEL1，见表 5 - 2、表 5 - 3。

表 5 - 2　外部存储器寄存器描述——**PINSEL0**

PINSEL0	引脚名称	00	01	10	11	复位值
1：0	P0.0	GPIO P0.0	TxD0	PWM1	保留	00
3：2	P0.1	GPIO P0.1	RxD0	MAT3.2	保留	00
5：4	P0.2	GPIO P0.2	SCL	捕获 0.0	保留	00
7：6	P0.3	GPIO P0.3	SDA	匹配 0.0	保留	00
9：8	P0.4	GPIO P0.4	SCK0	捕获 0.1	保留	00

PINSEL0	引脚名称	00	01	10	11	复位值
11：10	P0.5	GPIO P0.5	MISO0	匹配0.1	保留	00
13：12	P0.6	GPIO P0.6	MOSI0	捕获0.2	保留	00
15：14	P0.7	GPIO P0.7	SSEL0	PWM2	保留	00
17：16	P0.8	GPIO P0.8	TxD1	PWM4	保留	00
19：18	P0.9	GPIO P0.9	RxD1	PWM6	保留	00
21：20	P0.10	GPIO P0.10	RTS	捕获1.0	保留	00
23：22	P0.11	GPIO P0.11	CTS	捕获1.1	保留	00
25：24	P0.12	GPIO P0.12	DSR	匹配1.0	保留	00
27：26	P0.13	GPIO P0.13	DTR	匹配1.1	保留	00
29：28	P0.14	GPIO P0.14	CD	EINT1	保留	00
31：30	P0.15	GPIO P0.15	RI	EINT2	保留	00

表5－3　外部存储器寄存器描述——PINSEL1

PINSEL1	引脚名称	00	01	10	11	复位值
1：0	P0.16	GPIO P0.16	EINT0	匹配0.2	保留	00
3：2	P0.17	GPIO P0.17	捕获1.2	保留	保留	00
5：4	P0.18	GPIO P0.18	捕获1.3	保留	保留	00
7：6	P0.19	GPIO P0.19	匹配1.2	保留	保留	00
9：8	P0.20	GPIO P0.20	匹配1.3	保留	保留	00
11：10	P0.21	GPIO P0.21	PWM5	保留	保留	00
13：12	P0.22	GPIO P0.22	保留	保留	保留	00
15：14	P0.23	GPIO P0.23	保留	保留	保留	00
17：16	P0.24	GPIO P0.24	保留	保留	保留	00
19：18	P0.25	GPIO P0.25	保留	保留	保留	00
21：20	P0.26	GPIO P0.26	保留	保留	保留	00
23：22	P0.27	GPIO P0.27	AIN0	保留	保留	00
25：24	P0.28	GPIO P0.28	AIN1	保留	保留	00
27：26	P0.29	GPIO P0.29	AIN2	保留	保留	00
29：28	P0.30	GPIO P0.30	AIN3	保留	保留	00
31：30	P0.31	GPIO P0.30	TDO	保留	保留	00

示例：将 P0.8、P0.9 设置为 TxD1、RxD1。

通过查阅 PINSEL0 寄存器设置表，得到 P0.9 和 P0.8 的控制位为 PINSEL0 [19：16]，当该域设置为 [0101]（0x05）时选择 RxD1 和 TxD1。

C 代码：PINSEL0 = 0x05 < <16；

为了不影响别的管脚连接设置，通常选择下面的设置方法：

PINSEL0 =（PINSEL0 & 0xFFF0FFFF）|（0x05 < <16）；

5.3　GPIO 相关控制寄存器

LPC2000 的 GPIO 口：LPC2000 系列作为"微控制器"，其 GPIO 特性就显得很重要。它具有如下的特性：

(1) 可以独立控制每个 GPIO 口的方向（输入/输出模式）。

(2) 可以独立设置每个 GPIO 的输出状态（高/低电平）。

(3) 所有 GPIO 口在复位后默认为输入状态。

LPC2114/2124 微控制器具有两个端口——P0 和 P1，可以作为 GPIO 使用的引脚数为 46 个。LPC2210/2212/2214 微控制器还包含另外两个端口——P2 和 P3，这两个端口与外部存储器总线复用，当它们全部作为 GPIO 使用时，GPIO 引脚数多达 112 个。

GPIO 相关控制寄存器描述见表 5-4。

表 5-4　GPIO 相关控制寄存器

通用名称	描述	访问类型	复位值
IOPIN	GPIO 引脚值寄存器，不管方向模式如何，引脚的当前状态都可以从该寄存器中读出	只读	NA
IOSET	GPIO 输出置位寄存器。该寄存器控制引脚输出高电平	读/置位	0x0000 0000
IOCLR	GPIO 输出置位寄存器。该寄存器控制引脚输出低电平	只清零	0x0000 0000
IODIR	GPIO 方向控制寄存器。该寄存器单独控制每个 I/O 口的方向	读/写	0x0000 0000

GPIO 相关寄存器描述如下：

(1) IOxPIN：该寄存器反映了当前引脚的状态。IOxPIN 中的 x 对应于某一个端口，如 P1 口对应于 IO1PIN。所以芯片存在多少个端口，就有多少个 IOxPIN 分别与之对应。写该寄存器会将值保存到输出寄存器。用于设定 GPIO 引脚，IOxPIN [0] 对应于 Px.0，IOxPIN [31] 对应于 Px.31 引脚。

(2) IOxSET：当引脚设置为 GPIO 输出模式时，可使用该寄存器从引脚输出高电平，向某位写入 1 使对应引脚输出高电平，写入 0 无效。从该寄存器读回的数据为 GPIO 输出寄存器的值。用于输出置位。IOxSET [0] 对应于 Px.0 … IOxSET [31] 对应于 Px.31 引脚。

(3) IOxCLR：当引脚设置为 GPIO 输出模式时，可使用该寄存器从引脚输出低电平。向某位写入 1 使对应引脚输出低电平，写入 0 无效。IOxCLR [0] 对应于 Px.0，IOxCLR [31] 对应于 Px.31 引脚。

（4）IOxDIR：当引脚设置为 GPIO 输出模式时，可使用该寄存器控制引脚的方向。向某位写入 1 使对应引脚作为输出功能，写入 0 时作为输入功能。作为输入功能时，引脚处于高阻态。用于输出置位，IOxDIR［0］对应于 Px.0，IOxDIR［31］对应于 Px.31 引脚。

使用 GPIO 时注意要点如下：

（1）引脚设置为输出方式时，输出状态由 IOxSET 和 IOxCLR 中最后操作的寄存器决定。

（2）大部分 GPIO 输出为推挽方式（个别引脚为开漏输出），正常拉出/灌入电流均为 4 mA（短时间极限值为 40 mA）。

（3）复位后默认所有 GPIO 为输入模式。

GPIO 应用示例：

例 1：设置 P0.0 输出高电平。

```
PINSEL0 & = 0xFFFFFFFC;      //设置引脚连接模块，P0.0 为 GPIO
IODIR  | = 0x00000001;      //设置 P0.0 口方向，设置为输出
IOSET  = 0x00000001;      //设置 P0.0 口状态，输出高电平
```

例 2：读取 P0.0 引脚状态。

```
uint32 PinStat;       //设置变量
……
PINSEL0 & = 0xFFFFFFFC;      //设置引脚连接模块，P0.0 为 GPIO
IODIR  & = 0xFFFFFFFE;      //设置 P0.0 口方向，设置为输入
PinStat  = IOPIN;      //从 IOPIN 读取引脚状态
```

例 3：将 8 位无符号整数变量 Data 的值输出到 P0.0 ～ P0.7。

（1）使用 IOxSET 和 IOxCLR 来实现：

```
#define  DataBus  0xFF
……
PINSEL0 & = 0xFFFF0000;      //设置引脚连接模块，P0.0 ～ P0.7 为 GPIO
IODIR  | = DataBus;      //设置 P0.0 ～ P0.7 方向，设置为输出
IOCLR  = DataBus;      //将 P0.0 ～ P0.7 清零
IOSET  = Data;      //Data 变量中为 1 的位将输出高电平
……
```

P0.0 ～ P0.7 数据输出如图 5 – 2 所示。

图 5 – 2　P0.0 ～ P0.7 数据输出

（2）使用 IOxPIN 实现：

```
#define  DataBus  0xFF
    PINSEL0 & = 0xFFFF0000;           //设置引脚连接模块，P0.0
                                      为 GPIO
    IODIR  | = DataBus;            //设置 P0.0 口方向，设置为
                                      输出
    IOPIN  = (IOSET & 0xFFFFFF00) | Data;  //写 IOPIN，输出数据
    ……
```

使用 IOxPIN 实现 P0.0 ~ P0.7 数据输出如图 5 - 3 所示。

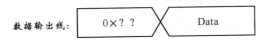

图 5 - 3　使用 IOxPIN 实现 P0.0 ~ P0.7 数据输出

5.4　GPIO 项目实例

5.4.1　LED 灯闪烁 Proteus 电路设计

项目实例：单个 LED 灯闪烁控制。

使用 P0.9 的输出功能来控制一个 LED 闪烁。采用灌电流的方式驱动 LED，即输出低电平时 LED 点亮。首先进行引脚功能选择寄存器（PINSEL0 和 PINSEL1）配置，然后进行 IODIR 寄存器设置，设置 P0.9 为输出模式，通过对 IOSET 和 IOCLR 寄存器进行置 1 或清 0 控制 LED 闪烁。

使用 Proteus 完成电路的设计，仿真电路图如图 5 - 4 所示。

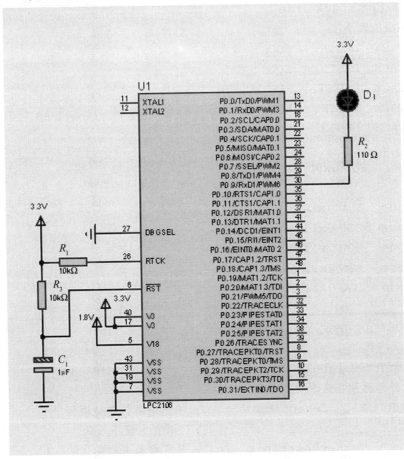

图 5 - 4　GPIO 驱动 LED 显示电路

5.4.2　LPC2106 ADS 项目的建立

新建一 ADS 项目后，在项目中添加以下文件：

```
EXPORT  Reset
EXPORT _ _ user_ initial_ stackheap

CODE32

AREA  vectors, CODE, READONLY
    ENTRY
```

1. interrupt vectors1. Startup. s 文件：

```
; /*****************************************Copyright
(c) ******************************************************
; **********************************************************
************************************************** /


; Define the stack size
; 定义堆栈的大小
SVC_ STACK_ LEGTH      EQU    0
FIQ_ STACK_ LEGTH      EQU    0
IRQ_ STACK_ LEGTH      EQU    256
ABT_ STACK_ LEGTH      EQU    0
UND_ STACK_ LEGTH      EQU    0


NoInt        EQU 0x80

USR32Mode    EQU 0x10
SVC32Mode    EQU 0x13
SYS32Mode    EQU 0x1f
IRQ32Mode    EQU 0x12
FIQ32Mode    EQU 0x11


    IMPORT _ _ use_ no_ semihosting_ swi

; The imported labels
; 引入的外部标号在这声明
    IMPORT  FIQ_ Exception      ; 快速中断异常处理程序
    IMPORT  _ _ main            ; C 语言主程序入口
    IMPORT  TargetResetInit     ; 目标板基本初始化
```

```
; The exported labels
; 给外部使用的标号在这声明
    EXPORT  bottom_ of_ heap
    EXPORT  StackUsr


; 中断向量表
Reset
        LDR     PC, ResetAddr
        LDR     PC, UndefinedAddr
        LDR     PC, SWI_ Addr
        LDR     PC, PrefetchAddr
        LDR     PC, DataAbortAddr
        DCD     0xb9205f80
        LDR     PC, [PC, # - 0xff0]
        LDR     PC, FIQ_ Addr

ResetAddr           DCD     ResetInit
UndefinedAddr       DCD     Undefined
SWI_ Addr           DCD     SoftwareInterrupt
PrefetchAddr        DCD     PrefetchAbort
DataAbortAddr       DCD     DataAbort
Nouse               DCD     0
IRQ_ Addr           DCD     0
FIQ_ Addr           DCD     FIQ_ Handler


; 未定义指令
Undefined
        B       Undefined

; 软中断
SoftwareInterrupt
        B       SoftwareInterrupt

; 取指令中止
PrefetchAbort
        B       PrefetchAbort
```

```
    ；取数据中止
    DataAbort
            B       DataAbort


    ；快速中断
    FIQ_ Handler
            STMFD   SP!, {R0 - R3, LR}
            BL      FIQ_ Exception
            LDMFD   SP!, {R0 - R3, LR}
            SUBS   PC, LR, #4


    ; /************************************************
******************************************************
    ; ** unction name     函数名称：InitStack
    ; ** Descriptions     功能描述：Initialize the stacks    （初始化堆栈）
    ; ************************************************************
****************************************************** /
    InitStack
            MOV  R0, LR
    ; Build the SVC stack
    ; 设置管理模式堆栈
            MSR  CPSR_ c, #0 xd3
            LDR  SP, StackSvc
    ; Build the IRQ stack
    ; 设置中断模式堆栈
            MSR  CPSR_ c, #0 xd2
            LDR  SP, StackIrq
    ; Build the FIQ stack
    ; 设置快速中断模式堆栈
            MSR  CPSR_ c, #0 xd1
            LDR  SP, StackFiq
    ; Build the DATAABORT stack
    ; 设置中止模式堆栈
            MSR  CPSR_ c, #0 xd7
            LDR  SP, StackAbt
    ; Build the UDF stack
    ; 设置未定义模式堆栈
            MSR  CPSR_ c, #0 xdb
            LDR  SP, StackUnd
```

```
        ; Build the SYS stack
        ; 设置系统模式堆栈
                MSR   CPSR_c, #0x5f
                LDR   SP, StackUsr


                MOV   PC, R0


        ; /************************************************
        **********************************************
        ; ** function name    函数名称：ResetInit
        ; ** Descriptions    功能描述：RESET  复位入口
        ; ************************************************
        ********************************************** /
        ResetInit


                BL   InitStack              ; 初始化堆栈
                BL   TargetResetInit        ; 目标板基本初始化
        ; 跳转到 C 语言入口
                B    _ _ main


        ; /************************************************
        **********************************************
        ; ** function name    函数名称：_ _ user_ initial_ stackheap
        ; ** Descriptions    功能描述：Initial the function library stacks and
        heaps, can not deleted!    （库函数初始化堆栈，不能删除）
        ; ************************************************
        ********************************************** /
        _ _ user_ initial_ stackheap
            LDR  r0, bottom_ of_ heap
            LDR  r1, StackUsr
            MOV  pc, lr



        StackSvc  DCD  SvcStackSpace + (SVC_ STACK_ LEGTH -1) * 4
        StackIrq  DCD  IrqStackSpace + (IRQ_ STACK_ LEGTH -1) * 4
        StackFiq  DCD  FiqStackSpace + (FIQ_ STACK_ LEGTH -1) * 4
        StackAbt  DCD  AbtStackSpace + (ABT_ STACK_ LEGTH -1) * 4
        StackUnd  DCD  UndStackSpace + (UND_ STACK_ LEGTH -1) * 4
```

```
        ; /* 分配堆栈空间 */
                AREA   MyStacks, DATA, NOINIT, ALIGN = 2
        SvcStackSpace   SPACE   SVC_ STACK_ LEGTH * 4   ; 管理模式堆栈空间
        IrqStackSpace   SPACE   IRQ_ STACK_ LEGTH * 4   ; 中断模式堆栈空间
        FiqStackSpace   SPACE   FIQ_ STACK_ LEGTH * 4   ; 快速中断模式堆栈空间
        AbtStackSpace   SPACE   ABT_ STACK_ LEGTH * 4   ; 中止模式堆栈空间
        UndStackSpace   SPACE   UND_ STACK_ LEGTH * 4   ; 未定义模式堆栈空间


                AREA   Heap, DATA, NOINIT
        bottom_ of_ heap   SPACE   1

                AREA   Stacks, DATA, NOINIT
        StackUsr


            END
        ; /*********************************************************
***************************************************
        ; **   End Of File
        ; **********************************************************
****************************************** /
        2. IRQ.s 文件:
        ; /*******************************Copyright (c)  *
**********************************************
        ; **********************************************************
****************************************** /


        NoInt   EQU 0x80

        USR32Mode   EQU 0x10
        SVC32Mode   EQU 0x13
        SYS32Mode   EQU 0x1f
        IRQ32Mode   EQU 0x12
        FIQ32Mode   EQU 0x11


            CODE32
```

```
    AREA  IRQ, CODE, READONLY

    MACRO
MYMIRQ_ Label HANDLER MYMIRQ_ Exception_ Function

        EXPORT  MYMIRQ_ Label    ; 输出的标号
        IMPORT  MYMIRQ_ Exception_ Function    ; 引用的外部标号


MYMIRQ_ Label
        SUB  LR, LR, #4    ; 计算返回地址
        STMFD  SP!, {R0 - R3, R12, LR}    ; 保存任务环境
        MRS  R3, SPSR    ; 保存状态
        STMFD  SP, {R3, LR} ^    ; 保存 SPSR 和用户状态的 SP, 注意不能回写
                                 ; 如果回写的是用户的 SP, 则后面要调整 SP

        NOP
        SUB  SP, SP, #4 * 2

        MSR  CPSR_ c, # (NoInt | SYS32Mode)    ; 切换到系统模式

        BL  MYMIRQ_ Exception_ Function    ; 调用 C 语言的中断处理程序

        MSR  CPSR_ c, # (NoInt | IRQ32Mode)    ; 切换回 IRQ 模式
        LDMFD  SP, {R3, LR} ^    ; 恢复 SPSR 和用户状态的 SP, 注意不能回写
                                 ; 如果回写的是用户的 SP, 则后面要调整 SP
        MSR  SPSR_ cxsf, R3
        ADD  SP, SP, #4 * 2

        LDMFD  SP!, {R0 - R3, R12, PC} ^
    MEND

/* 以下添加中断句柄, 用户根据实际情况改变 */
/* Add interrupt handler here, user could change it as needed */

Timer0_ Handler  HANDLER Timer0

    END
/************************************************************
*************************************************/
```

```
**                      End Of File
***************************************************
******************************************* /
```

3. target.h 文件

```
/******************************Copyright (c)  ***
******************************************
*
** -------------- 文件信息 -------------------------
----------------------------------------------
** 文件名：target.h
*** 描述：lpc210x（飞利浦的 ARM）目标板特殊的代码头文件
** 每个工程应当具有这个文件的拷贝，用户根据程序的需要修改本文件

*******************************************************
********************************************* /
```

#ifndef IN_ TARGET

extern void Reset (void);
```
/***************************************************
**************************************
** 函数名称：Reset
** 功能描述：目标板软复位

***************************************************
****************************************** /
```

extern void TargetInit (void);
```
/***************************************************
**************************************
** 函数名称：TargetInit
** 功能描述：目标板初始化代码，在需要的地方调用，根据需要改变

***************************************************
***************************************** /
```

#endif
```
/***************************************************
******************************************
```

```
**   End Of File
************************************************
*********************************************** /
```
4.LPC2106.h 文件：
```
/*****************************Copyright (c) ***
**********************************************

**  -------------- 文件信息 ------------------------
-------------------------------------------
**  文件名：LPC2106.h
**  描述：定义 lpc2104/lpc2105/lpc2106 的特殊寄存器及固件程序

************************************************
*********************************************** /

/* External Interrupts */
/* 外部中断控制寄存器 */
#define EXTINT    (*((volatile unsigned char *)0xE01FC140))
#define EXTWAKE   (*((volatile unsigned char *)0xE01FC144))

/* Memory mapping */
/* 内存 Mapping 控制寄存器 */
#define MEMMAP    (*((volatile unsigned long *)0xE01FC040))

/* Phase Locked Loop(PLL) */
/* PLL 控制寄存器 */
#define PLLCON    (*((volatile unsigned char *)0xE01FC080))
#define PLLCFG    (*((volatile unsigned char *)0xE01FC084))
#define PLLSTAT   (*((volatile unsigned short *)0xE01FC088))
#define PLLFEED   (*((volatile unsigned char *)0xE01FC08C))

/* Power Control */
/* 功率控制寄存器 */
#define PCON   (*((volatile unsigned char *)0xE01FC0C0))
#define PCONP  (*((volatile unsigned long *)0xE01FC0C4))

/* VPB Divider */
/* VLSI 外设总线（VPB）分频寄存器 */
#define VPBDIV   (*((volatile unsigned char *)0xE01FC100))
```

```
/* Memory Accelerator Module (MAM) */
/* 存储器加速模块 */
#define MAMCR    (* ( (volatile unsigned char *) 0xE01FC000))
#define MAMTIM   (* ( (volatile unsigned char *) 0xE01FC004))

/* Vector Interrupt Controller (VIC) */
/* 向量中断控制器 (VIC) 的特殊寄存器 */
#define VICIRQStatus    (* ( (volatile unsigned long *) 0xFFFFF000))
#define VICFIQStatus    (* ( (volatile unsigned long *) 0xFFFFF004))
#define VICRawIntr    (* ( (volatile unsigned long *) 0xFFFFF008))
#define VICIntSelect    (* ( (volatile unsigned long *) 0xFFFFF00C))
#define VICIntEnable    (* ( (volatile unsigned long *) 0xFFFFF010))
#define VICIntEnClr    (* ( (volatile unsigned long *) 0xFFFFF014))
#define VICSoftInt    (* ( (volatile unsigned long *) 0xFFFFF018))
#define VICSoftIntClear    (* ( (volatile unsigned long *) 0xFFFFF01C))
#define VICProtection    (* ( (volatile unsigned long *) 0xFFFFF020))
#define VICVectAddr    (* ( (volatile unsigned long *) 0xFFFFF030))
#define VICDefVectAddr    (* ( (volatile unsigned long *) 0xFFFFF034))
#define VICVectAddr0    (* ( (volatile unsigned long *) 0xFFFFF100))
#define VICVectAddr1    (* ( (volatile unsigned long *) 0xFFFFF104))
#define VICVectAddr2    (* ( (volatile unsigned long *) 0xFFFFF108))
#define VICVectAddr3    (* ( (volatile unsigned long *) 0xFFFFF10C))
#define VICVectAddr4    (* ( (volatile unsigned long *) 0xFFFFF110))
#define VICVectAddr5    (* ( (volatile unsigned long *) 0xFFFFF114))
#define VICVectAddr6    (* ( (volatile unsigned long *) 0xFFFFF118))
#define VICVectAddr7    (* ( (volatile unsigned long *) 0xFFFFF11C))
#define VICVectAddr8    (* ( (volatile unsigned long *) 0xFFFFF120))
#define VICVectAddr9    (* ( (volatile unsigned long *) 0xFFFFF124))
#define VICVectAddr10    (* ( (volatile unsigned long *) 0xFFFFF128))
#define VICVectAddr11    (* ( (volatile unsigned long *) 0xFFFFF12C))
#define VICVectAddr12    (* ( (volatile unsigned long *) 0xFFFFF130))
#define VICVectAddr13    (* ( (volatile unsigned long *) 0xFFFFF134))
#define VICVectAddr14    (* ( (volatile unsigned long *) 0xFFFFF138))
#define VICVectAddr15    (* ( (volatile unsigned long *) 0xFFFFF13C))
#define VICVectCntl0    (* ( (volatile unsigned long *) 0xFFFFF200))
#define VICVectCntl1    (* ( (volatile unsigned long *) 0xFFFFF204))
#define VICVectCntl2    (* ( (volatile unsigned long *) 0xFFFFF208))
#define VICVectCntl3    (* ( (volatile unsigned long *) 0xFFFFF20C))
```

```
#define VICVectCntl4    ( * ( (volatile unsigned long * ) 0xFFFFF210))
#define VICVectCntl5    ( * ( (volatile unsigned long * ) 0xFFFFF214))
#define VICVectCntl6    ( * ( (volatile unsigned long * ) 0xFFFFF218))
#define VICVectCntl7    ( * ( (volatile unsigned long * ) 0xFFFFF21C))
#define VICVectCntl8    ( * ( (volatile unsigned long * ) 0xFFFFF220))
#define VICVectCntl9    ( * ( (volatile unsigned long * ) 0xFFFFF224))
#define VICVectCntl10   ( * ( (volatile unsigned long * ) 0xFFFFF228))
#define VICVectCntl11   ( * ( (volatile unsigned long * ) 0xFFFFF22C))
#define VICVectCntl12   ( * ( (volatile unsigned long * ) 0xFFFFF230))
#define VICVectCntl13   ( * ( (volatile unsigned long * ) 0xFFFFF234))
#define VICVectCntl14   ( * ( (volatile unsigned long * ) 0xFFFFF238))
#define VICVectCntl15   ( * ( (volatile unsigned long * ) 0xFFFFF23C))


/* General Parallel Input /Output (GPIO) */
/* 通用并行 I/O 口（GPIO）的特殊寄存器 */
#define IOPIN   ( * ( (volatile unsigned long * ) 0xE0028000))
#define IOSET   ( * ( (volatile unsigned long * ) 0xE0028004))
#define IODIR   ( * ( (volatile unsigned long * ) 0xE0028008))
#define IOCLR   ( * ( (volatile unsigned long * ) 0xE002800C))


/* Pin Connect Block */
/* 管脚连接模块控制寄存器 */
#define PINSEL0   ( * ( (volatile unsigned long * ) 0xE002C000))
#define PINSEL1   ( * ( (volatile unsigned long * ) 0xE002C004))


/* Universal Asynchronous Receiver Transmitter 0 (UART0) */
/* 通用异步串行口 0（UART0）的特殊寄存器 */
#define U0RBR   ( * ( (volatile unsigned char * ) 0xE000C000))
#define U0THR   ( * ( (volatile unsigned char * ) 0xE000C000))
#define U0IER   ( * ( (volatile unsigned char * ) 0xE000C004))
#define U0IIR   ( * ( (volatile unsigned char * ) 0xE000C008))
#define U0FCR   ( * ( (volatile unsigned char * ) 0xE000C008))
#define U0LCR   ( * ( (volatile unsigned char * ) 0xE000C00C))
#define U0LSR   ( * ( (volatile unsigned char * ) 0xE000C014))
#define U0SCR   ( * ( (volatile unsigned char * ) 0xE000C01C))
#define U0DLL   ( * ( (volatile unsigned char * ) 0xE000C000))
#define U0DLM   ( * ( (volatile unsigned char * ) 0xE000C004))


/* Universal Asynchronous Receiver Transmitter 1 (UART1) */
```

```
/* 通用异步串行口 1（UART1）的特殊寄存器 */
#define U1RBR    ( * ( (volatile unsigned char *) 0xE0010000))
#define U1THR    ( * ( (volatile unsigned char *) 0xE0010000))
#define U1IER    ( * ( (volatile unsigned char *) 0xE0010004))
#define U1IIR    ( * ( (volatile unsigned char *) 0xE0010008))
#define U1FCR    ( * ( (volatile unsigned char *) 0xE0010008))
#define U1LCR    ( * ( (volatile unsigned char *) 0xE001000C))
#define U1MCR    ( * ( (volatile unsigned char *) 0xE0010010))
#define U1LSR    ( * ( (volatile unsigned char *) 0xE0010014))
#define U1MSR    ( * ( (volatile unsigned char *) 0xE0010018))
#define U1SCR    ( * ( (volatile unsigned char *) 0xE001001C))
#define U1DLL    ( * ( (volatile unsigned char *) 0xE0010000))
#define U1DLM    ( * ( (volatile unsigned char *) 0xE0010004))


/* I²C (8/16 bit data bus) */
/* 芯片间总线（I²C）的特殊寄存器 */
#define I2CONSET   ( * ( (volatile unsigned long *) 0xE001C000))
#define I2STAT     ( * ( (volatile unsigned long *) 0xE001C004))
#define I2DAT      ( * ( (volatile unsigned long *) 0xE001C008))
#define I2ADR      ( * ( (volatile unsigned long *) 0xE001C00C))
#define I2SCLH     ( * ( (volatile unsigned long *) 0xE001C010))
#define I2SCLL     ( * ( (volatile unsigned long *) 0xE001C014))
#define I2CONCLR   ( * ( (volatile unsigned long *) 0xE001C018))


/* SPI (Serial Peripheral Interface) */
/* SPI 总线接口的特殊寄存器 */
#define SPI_ SPCR    ( * ( (volatile unsigned char *) 0xE0020000))
#define SPI_ SPSR    ( * ( (volatile unsigned char *) 0xE0020004))
#define SPI_ SPDR    ( * ( (volatile unsigned char *) 0xE0020008))
#define SPI_ SPCCR   ( * ( (volatile unsigned char *) 0xE002000C))
#define SPI_ SPINT   ( * ( (volatile unsigned char *) 0xE002001C))


/* Timer 0 */
/* 定时器 0 的特殊寄存器 */
#define T0IR   ( * ( (volatile unsigned long *) 0xE0004000))
#define T0TCR  ( * ( (volatile unsigned long *) 0xE0004004))
#define T0TC   ( * ( (volatile unsigned long *) 0xE0004008))
#define T0PR   ( * ( (volatile unsigned long *) 0xE000400C))
#define T0PC   ( * ( (volatile unsigned long *) 0xE0004010))
```

```c
#define T0MCR    (* ( (volatile unsigned long *) 0xE0004014))
#define T0MR0    (* ( (volatile unsigned long *) 0xE0004018))
#define T0MR1    (* ( (volatile unsigned long *) 0xE000401C))
#define T0MR2    (* ( (volatile unsigned long *) 0xE0004020))
#define T0MR3    (* ( (volatile unsigned long *) 0xE0004024))
#define T0CCR    (* ( (volatile unsigned long *) 0xE0004028))
#define T0CR0    (* ( (volatile unsigned long *) 0xE000402C))
#define T0CR1    (* ( (volatile unsigned long *) 0xE0004030))
#define T0CR2    (* ( (volatile unsigned long *) 0xE0004034))
#define T0CR3    (* ( (volatile unsigned long *) 0xE0004038))
#define T0EMR    (* ( (volatile unsigned long *) 0xE000403C))


/* Timer 1 */
/* 定时器1的特殊寄存器 */
#define T1IR    (* ( (volatile unsigned long *) 0xE0008000))
#define T1TCR    (* ( (volatile unsigned long *) 0xE0008004))
#define T1TC    (* ( (volatile unsigned long *) 0xE0008008))
#define T1PR    (* ( (volatile unsigned long *) 0xE000800C))
#define T1PC    (* ( (volatile unsigned long *) 0xE0008010))
#define T1MCR    (* ( (volatile unsigned long *) 0xE0008014))
#define T1MR0    (* ( (volatile unsigned long *) 0xE0008018))
#define T1MR1    (* ( (volatile unsigned long *) 0xE000801C))
#define T1MR2    (* ( (volatile unsigned long *) 0xE0008020))
#define T1MR3    (* ( (volatile unsigned long *) 0xE0008024))
#define T1CCR    (* ( (volatile unsigned long *) 0xE0008028))
#define T1CR0    (* ( (volatile unsigned long *) 0xE000802C))
#define T1CR1    (* ( (volatile unsigned long *) 0xE0008030))
#define T1CR2    (* ( (volatile unsigned long *) 0xE0008034))
#define T1CR3    (* ( (volatile unsigned long *) 0xE0008038))
#define T1EMR    (* ( (volatile unsigned long *) 0xE000803C))


/* Pulse Width Modulator (PWM) */
/* 脉宽调制器的特殊寄存器 */
#define PWMIR    (* ( (volatile unsigned long *) 0xE0014000))
#define PWMTCR    (* ( (volatile unsigned long *) 0xE0014004))
#define PWMTC    (* ( (volatile unsigned long *) 0xE0014008))
#define PWMPR    (* ( (volatile unsigned long *) 0xE001400C))
#define PWMPC    (* ( (volatile unsigned long *) 0xE0014010))
#define PWMMCR    (* ( (volatile unsigned long *) 0xE0014014))
```

```
#define PWMMR0     ( * ( (volatile unsigned long * ) 0xE0014018))
#define PWMMR1     ( * ( (volatile unsigned long * ) 0xE001401C))
#define PWMMR2     ( * ( (volatile unsigned long * ) 0xE0014020))
#define PWMMR3     ( * ( (volatile unsigned long * ) 0xE0014024))
#define PWMMR4     ( * ( (volatile unsigned long * ) 0xE0014040))
#define PWMMR5     ( * ( (volatile unsigned long * ) 0xE0014044))
#define PWMMR6     ( * ( (volatile unsigned long * ) 0xE0014048))
#define PWMPCR     ( * ( (volatile unsigned long * ) 0xE001404C))
#define PWMLER     ( * ( (volatile unsigned long * ) 0xE0014050))


/* Real Time Clock * /
/* 实时时钟的特殊寄存器 * /
#define ILR    ( * ( (volatile unsigned char * ) 0xE0024000))
#define CTC    ( * ( (volatile unsigned short * ) 0xE0024004))
#define CCR    ( * ( (volatile unsigned char * ) 0xE0024008))
#define CIIR   ( * ( (volatile unsigned char * ) 0xE002400C))
#define AMR    ( * ( (volatile unsigned char * ) 0xE0024010))
#define CTIME0   ( * ( (volatile unsigned long * ) 0xE0024014))
#define CTIME1   ( * ( (volatile unsigned long * ) 0xE0024018))
#define CTIME2   ( * ( (volatile unsigned long * ) 0xE002401C))
#define SEC    ( * ( (volatile unsigned char * ) 0xE0024020))
#define MIN    ( * ( (volatile unsigned char * ) 0xE0024024))
#define HOUR    ( * ( (volatile unsigned char * ) 0xE0024028))
#define DOM    ( * ( (volatile unsigned char * ) 0xE002402C))
#define DOW    ( * ( (volatile unsigned char * ) 0xE0024030))
#define DOY    ( * ( (volatile unsigned short * ) 0xE0024034))
#define MONTH   ( * ( (volatile unsigned char * ) 0xE0024038))
#define YEAR    ( * ( (volatile unsigned short * ) 0xE002403C))
#define ALSEC   ( * ( (volatile unsigned char * ) 0xE0024060))
#define ALMIN   ( * ( (volatile unsigned char * ) 0xE0024064))
#define ALHOUR   ( * ( (volatile unsigned char * ) 0xE0024068))
#define ALDOM   ( * ( (volatile unsigned char * ) 0xE002406C))
#define ALDOW   ( * ( (volatile unsigned char * ) 0xE0024070))
#define ALDOY   ( * ( (volatile unsigned short * ) 0xE0024074))
#define ALMON   ( * ( (volatile unsigned char * ) 0xE0024078))
#define ALYEAR   ( * ( (volatile unsigned short * ) 0xE002407C))
#define PREINT   ( * ( (volatile unsigned short * ) 0xE0024080))
#define PREFRAC   ( * ( (volatile unsigned short * ) 0xE0024084))
```

```c
/* Watchdog */
/* 看门狗的特殊寄存器 */
#define WDMOD    ( * ( (volatile unsigned char *) 0xE0000000))
#define WDTC     ( * ( (volatile unsigned long *) 0xE0000004))
#define WDFEED   ( * ( (volatile unsigned char *) 0xE0000008))
#define WDTV     ( * ( (volatile unsigned long *) 0xE000000C))


/* Define Firmware Functions */
/* 定义固件函数 */
#define rm_ init_ entry ()    ( (void ( * ) ()) (0x7ffffff91)) ()
#define rm_ undef_ handler ()    ( (void ( * ) ()) (0x7ffffffa0)) ()
#define rm_ prefetchabort_ handler ()    ( (void ( * )    ())
(0x7ffffffb0)) ()
#define rm_ dataabort_ handler ()    ((void ( * ) ()) (0x7ffffffc0)) ()
#define rm_ irqhandler ()    ( (void ( * ) ()) (0x7ffffffd0)) ()
#define rm_ irqhandler2 ()    ( (void ( * ) ()) (0x7ffffffe0)) ()
#define iap_ entry (a, b)    ( (void ( * ) ()) (0x7fffffff1)) (a, b)


/*************************************************************
*********************************************
**    End Of File
*************************************************************
********************************************* /
```

5. config. h 文件

```c
/********************************Copyright (c) ***
*********************************************


**  -------------- 文件信息 ---------------------------------
----------------------------------------------
** 文件名: includes. h
** 描述: 用户配置文件


*************************************************************
********************************************* /
//这一段无须改动
#ifndef TRUE
#define TRUE  1
#endif
```

```
#ifndef FALSE
#define FALSE 0
#endif

typedef unsigned char   uint8;      /* 无符号 8 位整型变量 */
typedef signed    char   int8;      /* 有符号 8 位整型变量 */
typedef unsigned short uint16;      /* 无符号 16 位整型变量 */
typedef signed    short  int16;     /* 有符号 16 位整型变量 */
typedef unsigned int    uint32;     /* 无符号 32 位整型变量 */
typedef signed    int    int32;     /* 有符号 32 位整型变量 */
typedef float     fp32;             /* 单精度浮点数（32 位长度） */
typedef double    fp64;             /* 双精度浮点数（64 位长度） */


/********************************/
/* ARM 的特殊代码 */
/********************************/
//这一段无须改动

#include  "LPC2106.h"



/********************************/
/* 应用程序配置 */
/********************************/
//以下根据需要改动


/********************************/
/* 本例子的配置 */
/********************************/
/* 系统设置, Fosc、Fcclk、Fcco、Fpclk 必须定义 */
#define Fosc   14745000      //晶振频率, 10 ~25 MHz, 应当与实际一致
#define Fcclk    (Fosc*4)  //系统频率, 必须为 Fosc 的整数倍（1 ~32），
                                 且不大于 60 MHz
#define Fcco     (Fcclk*4) //CCO 频率, 必须为 Fcclk 的 2、4、8、16 倍，
                                 范围为 156 ~320 MHz
#define Fpclk    (Fcclk/4) *1   //VPB 时钟频率, 只能为（Fcclk /4）的 1 ~4 倍
```

```
#include "target.h"        //这一句不能删除

//LPC21000 misc uart0 definitions
#define UART0_ PCB_ PINSEL_ CFG    (INT32U) 0x00000005
#define UART0_ INT_ BIT    (INT32U) 0x0040
#define LCR_ DISABLE_ LATCH_ ACCESS    (INT32U) 0x00000000
#define LCR_ ENABLE_ LATCH_ ACCESS    (INT32U) 0x00000080
#define LCR_ DISABLE_ BREAK_ TRANS    (INT32U) 0x00000000
#define LCR_ ODD_ PARITY    (INT32U) 0x00000000
#define LCR_ ENABLE_ PARITY    (INT32U) 0x00000008
#define LCR_ 1_ STOP_ BIT    (INT32U) 0x00000000
#define LCR_ CHAR_ LENGTH_ 8    (INT32U) 0x00000003
#define LSR_ THR_ EMPTY    (INT32U) 0x00000020


/*****************************************************
***********************************************
    **   End Of File
    *******************************************************
**************************************************** /
```
6. target.c 文件
```
/** -------------- 文件信息 -------------------------------
-----------------------------------------------------
    **文件名：target.c
    **描述：lpc210x（飞利浦的 ARM）目标板特殊的代码，包括异常处理程序和目标板
初始化程序
    **每个工程应当具有这个文件的拷贝，用户根据程序的需要修改本文件。
    **注意：本文件必须以 ARM（32 位代码）方式编译，否则，必须更改 init.s 和
vector.s 文件
    **别的 C 代码不必使用 ARM（32 位代码）方式编译
    *****************************************************
************************************************** /


#define IN_ TARGET
#include "config.h"


/*************************************************
**********************************************
    ** 函数名称：IRQ_ Exception
    ** 功能描述：中断异常处理程序，用户根据需要自己改变程序
```

```
**
****************************************************
****************************************** /
    void _ irq IRQ_ Exception (void)
        {
        while (1);      //这一句替换为自己的代码
        }


    /***************************************************
*********************************************
    ** 函数名称：FIQ_ Exception
    ** 功能描述：快速中断异常处理程序，用户根据需要自己改变程序
    **
    ***************************************************
****************************************** /
    void FIQ_ Exception (void)
    {
        while (1);      //这一句替换为自己的代码
    }


    /***************************************************
*********************************************
    ** 函数名称：TargetInit
    ** 功能描述：目标板初始化代码，在需要的地方调用，根据需要改变


    ***************************************************
***************************************** /
    void TargetInit (void)
    {
        /* 添加自己的代码 */
    }


    /***************************************************
*******************************************
    ** 函数名称：TargetResetInit
    ** 功能描述：调用 main 函数前目标板初始化代码，根据需要改变，不能删除


    ***************************************************
*************************************** /
```

```
void TargetResetInit (void)
{

    /* 设置系统各部分时钟 */
    PLLCON =1;
#if ( (Fcclk /4) /Fpclk) ==1
    VPBDIV =0;
#endif
#if ( (Fcclk /4) /Fpclk) ==2
    VPBDIV =2;
#endif
#if ( (Fcclk /4) /Fpclk) ==4
    VPBDIV =1;
#endif
#if (Fcco /Fcclk) ==2
    PLLCFG = ( (Fcclk /Fosc) -1) | (0 < <5);
#endif
#if (Fcco /Fcclk) ==4
    PLLCFG = ( (Fcclk /Fosc) -1) | (1 < <5);
#endif
#if (Fcco /Fcclk) ==8
    PLLCFG = ( (Fcclk /Fosc) -1) | (2 < <5);
#endif
#if (Fcco /Fcclk) ==16
    PLLCFG = ( (Fcclk /Fosc) -1) | (3 < <5);
#endif
    PLLFEED =0xaa;
    PLLFEED =0x55;
    while ( (PLLSTAT & (1 < <10)) ==0);
    PLLCON =3;
    PLLFEED =0xaa;
    PLLFEED =0x55;


    /* 设置存储器加速模块 */
    MAMCR =2;      //MAMCR 8u2 00 -MAM 功能被禁止、01 -MAM 功能部分使能、
10 -MAM 功能完全使能
    /* MAMTIM 8u3
    000 =0——保留
```

```
         001 = 1——一段时间内只有 1 个处理器时钟（cclk）用于 MAM 取指
         010 = 2——一段时间内只有 2 个处理器时钟（cclk）用于 MAM 取指
         011 = 3——一段时间内只有 3 个处理器时钟（cclk）用于 MAM 取指
         100 = 4——一段时间内只有 4 个处理器时钟（cclk）用于 MAM 取指
         101 = 5——一段时间内只有 5 个处理器时钟（cclk）用于 MAM 取指
         110 = 6——一段时间内只有 6 个处理器时钟（cclk）用于 MAM 取指
         111 = 7——一段时间内只有 7 个处理器时钟（cclk）用于 MAM 取指
     */
#if Fcclk < 20000000
    MAMTIM = 1;
#else
#if Fcclk < 40000000
    MAMTIM = 2;
#else
    MAMTIM = 3;
#endif
#endif


    /* 初始化 VIC */
    VICIntEnClr = 0xffffffff; //清所有中断使能，即关中断
    VICVectAddr = 0; //默认向量地址寄存器
    VICIntSelect = 0; //1：对应的中断请求分配为 FIQ。0：对应的中断请求分配
                        为 IRQ。


    /* 添加自己的代码 */

}
#include "rt_ sys.h"
#include "stdio.h"

#pragma import (_ use_ no_ semihosting_ swi)
#pragma import (_ use_ two_ region_ memory)

int _ rt_ div0 (int a)
{
    a = a;
    return 0;
}
```

```c
int fputc (int ch, FILE * f)
{
    ch = ch;
    f = f;
    return 0;
}

int fgetc (FILE * f)
{
    f = f;
    return 0;
}



int _ sys_ close (FILEHANDLE fh)
{
    fh = fh;
    return 0;
}

int _ sys_ write (FILEHANDLE fh, const unsigned char * buf,
                  unsigned len, int mode)
{
    fh = fh;
    buf = buf;
    len = len;
    mode = mode;
    return 0;
}
int _ sys_ read (FILEHANDLE fh, unsigned char * buf,
                 unsigned len, int mode)
{
    fh = fh;
    buf = buf;
    len = len;
    mode = mode;

    return 0;
```

```c
    }

    void _ ttywrch (int ch)
    {
        ch = ch;
    }

    int _ sys_ istty (FILEHANDLE fh)
    {
        fh = fh;
        return 0 ;
    }
    int _ sys_ seek (FILEHANDLE fh, long pos)
    {
        fh = fh;
        return 0 ;
    }
    int_ sys_ ensure (FILEHANDLE fh)
    {
        fh = fh;
        return 0 ;
    }

    long_ sys_ flen (FILEHANDLE fh)
    {
        fh = fh;
        return 0 ;
    }
    int_ sys_ tmpnam (char * name, int sig, unsigned maxlen)
    {
        name = name;
        sig = sig;
        maxlen = maxlen;
        return 0 ;
    }

    void_ sys_ exit (int returncode)
    {
```

```
        returncode = returncode;
    }


char *_ sys_ command_ string (char * cmd, int len)
    {
        cmd = cmd;
        len = len;
        return 0;
    }


/********************************************
*********************************************
    **   End Of File
    *********************************************
********************************************* /
```

7. mem 文件：

保存 ADS 项目中以上添加的各文件后，使用 Windows XP 的记事本编定内存文件 mem：

```
/*****************************************Copyright (c)
    **
    ** --------------File Info-----------------------------
----------------------------------------------
    ** File Name: men_ a. scf
    ** Last modified Date:   2004 - 09 - 17
    ** Last Version: 1.0
    ** Descriptions: Scatter File
    **
    ** --------------------------------------------------
----------------------------------------------
    ** Created By: Chenmingji
    ** Created date:   2004 - 09 - 17
    ** Version: 1.0
    ** Descriptions: First version
    **
    ** --------------------------------------------------
----------------------------------------------
    ** Modified by:
    ** Modified date:
```

```
** Version:
** Descriptions:
**
**************************************************************
********************************************** /
    ROM_ LOAD 0x00000000
    {
        ROM_ EXEC 0x00000000
        {
            Startup.o (vectors, +First)
            * ( +RO)
        }

        IRAM 0x40000000
        {
            Startup.o (MyStacks)
            * ( +RW, +ZI)
        }

        HEAP +0 UNINIT
        {
            Startup.o (Heap)
        }

        STACKS 0x40004000 UNINIT
        {
            Startup.o (Stacks)
        }
    }
```

保存时将文件保存为 mem（文件不带后缀名），该内存文件用于 LPC2106 各内存地址的分配。

将 mem 文件复制到当前建的 ADS 项目文件夹下，将项目的编译输出设为 Release 后，在"Release Setting"界面中的"ARM Linker"中选择"Scatter"选项，单击"Scatter"中的"choose"按钮后选择"mem"文件，单出"OK"按钮，这样就建立了一个专门针对 LPC2106 芯片的 ADS 项目，如图 5 - 5 所示。

为方便读者，我们为大家建立了 LPC2106 的 ADS 项目，读者可以从随书的课件下载。

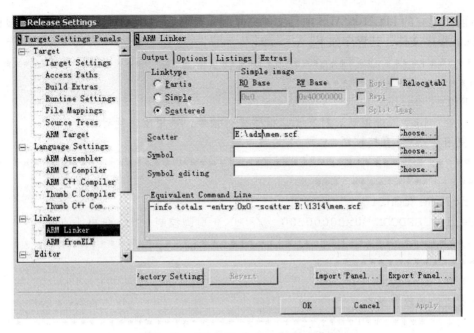

图 5 - 5　"Release Settings"界面设置

5.4.3　LED 灯闪烁流程图、ADS 项目主程序及 Proteus 电路仿真

LED 灯闪烁程序流程如图 5 -6 所示。

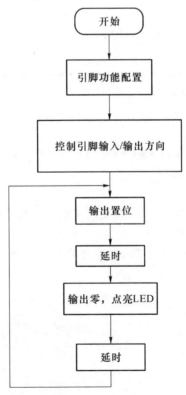

图 5 - 6　LED 灯闪烁程序流程图

将前面建立的 LPC2106 ADS 项目文件夹复制重命名后打开 ADS 项目，在 ADS 项目中添加 main.c 程序文件，其程序如下：

```c
/*********************************************************
***********************
 *File: Main.c
 *功能: LED 闪烁控制。对发光二极管进行控制，采用软件延时方法
 *使用 I/O 口直接控制 LED, 采用灌电流方式
 *********************************************************
********************* /
#include "config.h"
#define LEDCON  0x00000200   /* P0.9 引脚控制 LED, 低电平点亮 */
/*********************************************************
********************
 *名称: DelayNS ()
 *功能: 长软件延时
 *********************************************************
******************** /
void DelayNS (uint32 dly)
{
  uint32 i;
  for (; dly >0; dly --)
    for (i =0; i <50000; i ++);
}
/*********************************************************
*********************
 *名称: main ()
 *功能: 控制 LED 闪烁
 *********************************************************
******************** /
int main (void)
{ PINSEL0 =0x00000000;    //设置所有引脚连接 GPIO
  PINSEL1 =0x00000000;
  IODIR =LEDCON;    //设置 P0.9 连接的 LED 控制为输出
  while (1)
   { IOSET =LEDCON;
    DelayNS (30);
    IOCLR =LEDCON;
    DelayNS (30);
   }
   //return (0);
}
```

对 ADS 项目编译输出做以下的相关设置：

按图 5 - 7 所示完成"ARM fromELF"设置后单击"OK"按钮返回项目窗口界面。在项目窗口界面中：单击菜单"Project"→"Make"命令，完成项目的编译。

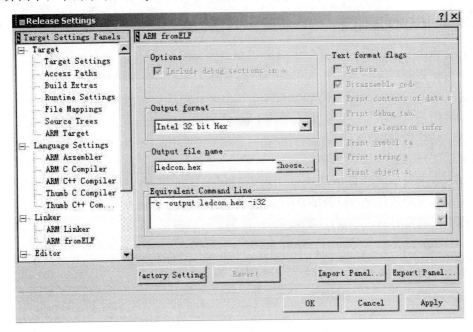

图 5 - 7　项目输出格式及输出文件设置

LED 灯 Proteus 电路的仿真：

打开绘制好的 LED Proteus 仿真电路，用鼠标右键单击"LPC2106"，再单击鼠标左键，出现"Edit Component"对话窗口，如图 5 - 8 所示。

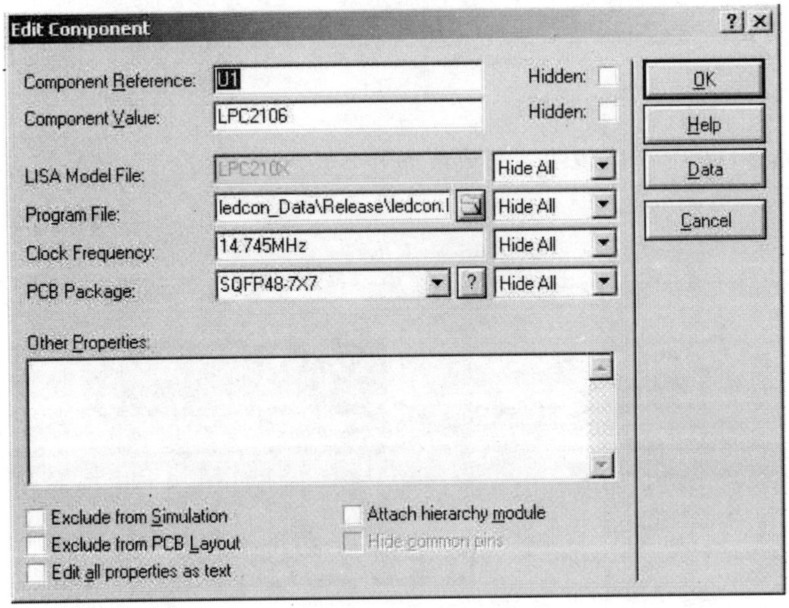

图 5 - 8　LPC2106 配置程序文件

在"Program File"文本窗口中选择当前项目中 Release 文件夹下生成的"ledcon. hex"文件，将编译后的文件加载到 LPC2106 中，单击"OK"按钮后返回 Proteus，启动仿真，D1不断闪烁，并且 P0.9 输出低电平时 D1 点亮，电路仿真结果与程序代码相符。

5.4.4 GPIO 项目二：1602 液晶 ADS 项目程序代码及 Proteus 电路仿真

项目设置的基本思想：设置一个嵌入式驱动液晶显示的电路并完成相关驱动代码的编写。学习如何查看厂家提供的技术手册并根据元器件技术手册来进行设计。

液晶采用 LCD1602，嵌入式 CPU 采用 LPC2106，驱动项目编写软件采用 ADS1.2，为了验证驱动代码运行的结果是否正确，采用 Proteus 软件完成电路设计，并通过 Proteus 电路仿真来验证驱动代码在液晶电路的运行情况。

液晶 LCD1602 的主要技术参数：

LCD1602 字符型液晶显示模块是一种专门用于显示字母、数字、符号等点阵式 LCD，对比度可调、黄绿色背光。LCD1602 可以显示 2 行，每行显示 16 个 ASCII 字符，并且可以自定义图形，只需要写入相对应字符的 ASCII 码就可以显示。

LCD1602 液晶接口信号说明，见表 5 – 5。

表 5 – 5 LCD1602 接口信号说明

编号	符号	引脚说明	编号	符号	引脚说明
1	VSS	电源地	9	D2	Data I/O
2	VDD	电源正极	10	D3	Data I/O
3	VL	液晶显示偏压信号	11	D4	Data I/O
4	RS	数据/命令选择端（H/L）	12	D5	Data I/O
5	R/W	读/写选择端（H/L）	13	D6	Data I/O
6	E	使能信号	14	D7	Data I/O
7	D0	Data I/O	15	BLA	背光源正极
8	D1	Data I/O	16	BLK	背光源负极

根据液晶接口信号引脚说明，完成液晶和 CPU 的电路连接，液晶与 CPU 接口电路如图 5 –9 所示。

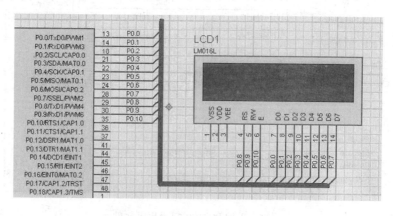

图 5 –9 液晶与 CPU 接口电路

根据电路的连接，在程序中完成管脚的定义：

```
#define rs (1 < <8)
#define rw (1 < <9)
#define en (1 < <10)
#define busy (1 < <7)
```

根据手册管脚的接口信号说明，确定和液晶相连接的 LPC2106 的引脚为输入/输出 I/O 口，同时将与液晶连接的 CPU 引脚定义为输出 I/O 口的类型：

```
PINSEL0 = 0x00000000;        //设置所有引脚连接 GPIO
PINSEL1 = 0x00000000;
IODIR = 0x7ff;        //设置 P0.0 ~ P0.10 为输出 I/O 口
```

LCD1602 液晶的 D0 ~ D7 端为 8 位数据口，进行数据传送，而 RS、R/W、E 端则配合可以做出不同的操作，对 LCD1602 进行操作主要有 4 种，如下：

（1）读状态，输入：RS = L，R/W = H，E = H。输出：D0 ~ D7 = 状态字。

（2）写指令，输入：RS = L，R/W = L，D0 ~ D7 = 指令，E = 高脉冲。输出：无。

（3）读数据，输入：RS = H，R/W = H，E = H。输出：D0 ~ D7 = 数据。

（4）写数据，输入：RS = H，R/W = L，D0 ~ D7 = 数据，E = 高脉冲。输出：无。

在进行读操作的时候，R/W 置于 1，RS 则根据读的内容（状态或数据）置为 1 或 0，E 置为 1，可以在数据口读到正确的数据，在将 E 置为 1 之后，就可以紧跟着指令去读取数据，在读到数据后，再将 E 置为 0。

在进行写操作的时候，RW 要置为 0，RS 根据写的内容不同（指令或数据）置为 1 或 0，同时在将 E 置为 1 之前，要先将数据送到数据口上，然后，将 E 置为 1，经过一定的延时后，再将 E 置为 0，在这个时间段内必须保证数据口上的数据稳定不变，为有效的数据。

从以上可以看出，如果想对 LCD1602 进行何种操作，只要按其相对应的操作规程来做即可。

虽然以上有 4 种操作，但实际上归类起来只有两种，一种读一种写，并且进行读或写，都要进行数据的传送。

液晶状态字说明见图 5 - 10。

状态字说明

STA7	STA6	STA5	STA4	STA3	STA2	STA1	STA0
D7	D6	D5	D4	D3	D2	D1	D0

STA0~STA7	当前数据地址指针的数值	
STA7	读写操作使能	1：禁止 0：允许

注：对控制器每次进行读写操作之前，都必须进行读写检测，确保 STA7 为 0

图 5 - 10　液晶状态字说明

用 CPU 来控制 LCD 模块，方式十分简单，LCD 模块内部可以看成两组寄存器，一个为指令寄存器，一个为数据寄存器，由 RS 引脚来控制。所有对指令寄存器或数据寄存器的存取均需检查 LCD 内部的忙碌标志 STA7，此标志用来告知 LCD 内部正在工作，并不允许接收任何的控制命令。而此位的检查可以令 RS = 0，用读取 D7 来加以判断，当 D7 为 0 时，才可以写入指令或数据寄存器。因此，在对控制器每次进行读写操作之前，都必须进行读写检测，确保 STA7 为 0。

根据手册的要求，编写读写检测函数：

```
/**************************************************
********************
* 名称：ChkBusy ()
* 功能：检查总线是否忙
**************************************************
******************* /
void ChkBusy ()
{
  IODIR = 0x700;
  while (1)
   {
    IOCLR = rs;
    IOSET = rw;
    IOSET = en;
   if (! (IOPIN & busy)) break;
   IOCLR = en;
   }
   IODIR = 0x7ff;
}
```

代码说明：

根据读状态：输入：RS = L，RW = H，E = H。输出：D0 ~ D7 状态字的定义，为了能读出 D7 的状态，要使 RS = L，RW = H，E = H，因此定义 IODIR = 0x700，使 P0.8 ~ P0.10 为输出 I/O 口，而 P0.0 ~ P0.7 为输入 I/O 口。

忙检测完成后，需要对 LCD1602 输入指令和数据，因此定义：IODIR = 0x7ff，将 P0.0 ~ P0.10 全部定义为输出 I/O 口。

在对液晶进行忙检测后，就可以对液晶进行读写操作，写操作分为写指令与写数据两种操作，写指令是定义对液晶进行何种操作，写数据是将数据传递给 1602 液晶。对液晶进行写操作一般是先执行写操作，然后再写数据，写指令与写数据相对应的函数为：

```
/**************************************************
********************
* 名称：WrOp ()
* 功能：写指令函数
**************************************************
****************** /
void WrOp (uint8 dat)
{

  ChkBusy ();
```

```
    IOCLR = rs;            // 全部清零
    IOCLR = rw;
    IOCLR = 0xff;          // 先清零
    IOSET = dat;           // 再送数
    IOSET = en;
    IOCLR = en;
}
```

通过写指令函数完成对液晶的写操作。

写数据函数：

```
/*****************************************************************
********************
* 名称：WrDat ()
* 功能：写数据函数
*****************************************************************
******************* /
    void WrDat (uint8 dat)    // 读数据
    {

    ChkBusy ();
    IOSET = rs;
    IOCLR = rw;
    IOCLR = 0xff;          // 先清零
    IOSET = dat;           // 再送数
    IOSET = en;
    IOCLR = en;
}
```

LCD1602 手册中液晶初始化的要求，如图 5 – 11 所示。

5 初始化过程（复位过程）

5.1 延时 15ms

5.2 写指令 38H(不检测忙信号)

5.3 延时 5ms

5.4 写指令 38H(不检测忙信号)

5.5 延时 5ms

5.6 写指令 38H(不检测忙信号)

5.7 (以后每次写指令、读/写数据操作之前均需检测忙信号)

5.8 写指令 38H：显示模式设置

5.9 写指令 08H：显示关闭

5.10 写指令 01H：显示清屏

5.11 写指令 06H：显示光标移动设置

5.12 写指令 0CH：显示开及光标设置

图 5 – 11　液晶初始化要求

在使用 LCD1602 之前，必须对其进行初始化操作，初始化过程是往 LCD1602 固定写入一定的指令，里面包括指定使用模式、清屏等。LPC2106 晶振为 11.059 2 MHz，为了能准确延时，可以通过调用延时函数完成延时。

```
/***************************************************************
*********************
    * 名称: Delay ()
    * 功能: 1ms 软件延时
    **************************************************************
********************* /
    void delay (uint8 z)
    {
    uint8 x, y;
    for (x = z; x > 0; x --)
    for (y = 200; y > 0; y --)    ;
    }


    /***************************************************************
*********************
    * 名称: lcd_ init ()
    * 功能: lcd 初始化函数
    **************************************************************
******************* /
    void lcd_ init (void)
    {
    Delay (15);
    WrOp (0x38);
    Delay (5);
    WrOp (0x38);
    Delay (5);
    WrOp (0x38);        //显示模式设置
    Delay (5);
    WrOp (0x08);        //显示关屏
    WrOp (0x01);        //显示清屏
    WrOp (0x06);        //光标加 1
    WrOp (0x0c);        //开显示
    }
```

在 LCD1602 上，有两行，每行有 16 个字符位置，如何在需要的位置上显示出对应的字符呢？可由 RAM 地址映射图及数据指针设置，确定液晶显示的位置。

要显示字符时要先输入显示字符地址，也就是告诉模块在哪里显示字符：比如第二行第一个字符的地址是 40H，那么是否直接写入 40H 就可以将光标定位在第二行第一个字符的位置呢？这样不行，因为写入显示地址时要求最高位 D7 恒定为高电平 1，所以实际写入的数据应该是 01000000B（40H）＋10000000B（80H）＝11000000B（C0H）。

图 5–12 是 LCD1602 显示 RAM 缓冲区对应的地址，要在对应的位置显示出字符，首先要写入一个设置数据地址的指令码（80H＋地址），然后紧跟着写入要显示的数据即可。

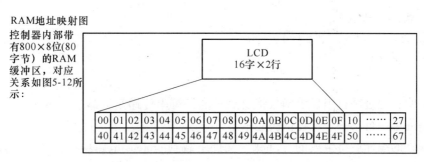

图 5–12　液晶 RAM 地址映射图

写指令：WrOp（0x80＋地址）；写数据：WrDat（字符编码）。

为了能显示连续的字符（字符串），还要编写字符串显示函数。

（1）先将要显示的字符串定义为字符数组：

$$uint8 \ txt \ [\ ] \ = \ \{ " \ Lcd \ Test" \} ;$$

（2）根据写指令与写数据函数，编写字符串显示函数。

```
/****************************************************************
 * 名称：DisText ()
 * 功能：显示字符串
 ****************************************************************/
void DisText (uint8 addr, uint8 *p)
{
    WrOp (addr);
    while (*p ! = '\ 0') WrDat (* (p ++));
}
```

最后完成主函数的编写使用：

```
/****************************************************************
 * 名称：main ()
 * 功能：显示字符串
 ****************************************************************
```

```
******************* /
    int main (void)
    {
        PINSEL0 = 0x00000000;        //设置所有引脚连接 GPIO
        PINSEL1 = 0x00000000;
        IODIR = 0x7ff;               //设置为输出
        IOCLR = 0x7ff;
        lcd_ init ();
        DisText (0x80, txt);
        while (1);
    }
```

代码说明：通过字符串显示函数将要显示的字符串传递至液晶显，DisText（0x80，txt）函数在液晶的第一行第一个位置依次显示字符。

完成程序的编译后将生成的 ".hex" 文件下载到 proteus 电路中完成仿真，液晶第一行第一个字符位置正常显示出字符串：Lcd Test。

5.4.5　GPIO 项目二的扩展

在完成了嵌入式液晶驱动代码的实验后，还可以引导学生对该实验进行扩展。

（1）可引导学生修改程序：如何让液晶上显示的字符动态移动显示？

（2）如何将 ARM 中 LCD1602 液晶的显示代码移植到其他的 CPU 中（以移植到 8051 为例），让学生感受到 C 语言作为高级语言的优势。

（3）在实验中针对元件技术手册引导学生进行其他课程的实验：如由元件外形尺寸，引导学生在设计 PCB 时根据手册上的元件外形尺寸设计 LCD1602 的元件 PCB 封装。

项目总结：

（1）通过结合元器件技术手册来安排教学及实验，学生要明白元件技术手册的重要性，学会如何使用厂家提供的技术手册，提高元件驱动程序开发的能力。

（2）通过对实验的扩展，要使学生能举一反三，通过嵌入式驱动实验来融会贯通以前学习过的 C 语言、单片机、电子 CAD 等相关课程的知识，提高学生的创新能力。

5.5　向量中断控制器

5.5.1　寄存器描述

ARM7TDMI 内核具有两个中断输入，分别为 IRQ 中断和 FIQ 中断。但是芯片内部有许多中断源，最多可以有 32 个中断输入请求。向量中断控制器（VIC）的作用就是允许哪些中断源可以产生中断、可以产生哪类中断、产生中断后执行哪段服务程序。

LPC2106 具有以下的中断源，见表 5-6。

表 5 - 6　中断源列表

模块	可产生中断的标志	VIC 通道号
WDT	看门狗中断（WDINT）	0
—	保留给软件中断	1
ARM 内核	EmbeddedICE，DbgCommRx	2
ARM 内核	EmbeddedICE，DbgCommTx	3
定时器 0	匹配 0～3（MR0，MR1，MR2，MR3） 捕获 0～3（CR0，CR1，CR2，CR3）	4
定时器 1	匹配 0～3（MR0，MR1，MR2，MR3） 捕获 0～3（CR0，CR1，CR2，CR3）	5
UART0	Rx 线状态（RLS），发送保持寄存器空（THRE） Rx 数据可用（RDA），字符超时指示（CTI）	6
UART1	Rx 线状态（RLS），发送保持寄存器空（THRE） Rx 数据可用（RDA），字符超时指示（CTI）	7
PWM0	匹配 0～6（MR0，MR1，MR2，MR3，MR4，MR5，MR6）	8
I^2C	SI（状态改变）	9
SPI0	SPI 中断标志（SPIF），模式错误（MODF）	10
SPI1	SPI 中断标志（SPIF），模式错误（MODF）	11
PLL	PLL 锁定（PLOCK）	12
系统控制	外部中断 0（EINT0）	14
系统控制	外部中断 1（EINT1）	15
系统控制	外部中断 2（EINT2）	16
系统控制	外部中断 3（EINT3）	17
A/D	A/D 转换器	18
保留	保留	19～31

向量中断控制器（VIC）：

芯片内部许多部件都可以作为中断源，但并不是每个中断源都需要在中断情况下进行操作，也可以通过其他方法来处理各种状态。

比如通过串口发送一段数据，可以选择在一批发送结束后产生中断，然后在中断服务程序中发送下一批数据；也可以通过查询发送标志位来决定什么时候发送下一批数据。

允许中断源产生中断由寄存器 VICIntEnable 和 VICIntEnClr 控制，前者为使能中断，后者为禁止中断。VICIntEnable 寄存器的位定义见表 5 - 7，VICIntEnClr 寄存器的位定义见表 5 - 8。

表 5 - 7　中断使能寄存器（**VICIntEnable**）

位	31	……	18	17	……	2	1	0
功能	保留		A/D 转换器	外部中断 3		ARM 内核	—	WDT

寄存器中每一位控制着一个中断源，各中断源的位置与中断源列表所示相同。向某位写入1时，允许对应的中断源产生中断。

表 5 - 8　中断使能清零寄存器（VICIntEnClr）

位	31	……	18	17	……	2	1	0
功能	保留		A/D 转换器	外部中断3		ARM 内核	—	WDT

与中断使能寄存器的功能相反，向某位写入1时，禁止对应的中断源产生中断。

ARM7TDMI 内核具有 FIQ 和 IRQ 两个中断输入，所有中断源产生的中断都可以选择产生其中一种中断，这可以通过中断选择寄存器完成。中断选择寄存器（VICIntSelect）的位定义见表 5 - 9。

表 5 - 9　中断选择寄存器（VICIntSelect）

位	31	……	18	17	……	2	1	0
功能	保留		A/D 转换器	外部中断3		ARM 内核	—	WDT

寄存器中每一位控制着一个中断源，各中断源的位置与中断源列表所示相同。向某位写入1时，对应中断源产生的中断为 FIQ 中断，否则为 IRQ 中断。

中断类型：

中断输入请求可以在 VIC 中被设置为以下 3 类：

- FIQ 中断：具有最高优先级；
- 向量 IRQ 中断：具有中等优先级；
- 非向量 IRQ 中断：具有最低优先级。

向量 IRQ 中断：

VIC 最多支持 16 个向量 IRQ 中断，这些中断被分为 16 个优先级，并且为每个优先级指定一个服务程序入口地址。在发生向量 IRQ 中断后，相应优先级的服务程序入口地址被装入向量地址寄存器 VICVectAddr 中，通过一条 ARM 指令即可跳转到相应的服务程序入口处，所以向量 IRQ 中断具有较快的中断响应。

非向量 IRQ 中断：

任何中断源都可以设置为非向量 IRQ 中断。它与向量 IRQ 中断的区别在于前者不能为每个非向量 IRQ 中断源设置服务程序地址，而是所有的非向量 IRQ 中断都共用一个相同的服务程序入口地址。

当有多个中断源被设置为非向量 IRQ 中断时，需要在用户程序中识别中断源，并分别作出处理，所以非向量 IRQ 中断响应延时相对较长。

1. 向量 IRQ 中断相关寄存器

VICVectCntl0 ~ 15 和 VICVectAddr0 ~ 15 两类寄存器与向量 IRQ 中断设置有关，前者为中断源分配向量 IRQ 中断的优先级，后者为该中断优先级设置服务程序入口地址。寄存器名称最后的数字同时也代表该寄存器控制的向量 IRQ 中断的优先级，数值越小优先级越高。VICVectCntl0 ~ 15寄存器的位定义表 5 - 10，VICVectAddr0 ~ 15 寄存器的位定义见表 5 - 11。

注意：如果将同一个中断源分配给多个使能的向量 IRQ 中断，那么该中断源发生中断时，会使用最高优先级（最低编号）的寄存器设置。

表 5 – 10　向量控制寄存器（VICVectCntl0 ~ 15）

位	7	6	5	[4：0]
功能	–	–	EN	中断源序号

VICVectCntlx［4：0］：分配给此优先级向量 IRQ 中断的中断源序号；

VICVectCntlx［5］：该位为 1，使能当前优先级的向量 IRQ 中断；否则为禁止。

表 5 – 11　向量地址寄存器（VICVectAddr0 ~ 15）：

位	[31：0]
功能	中断服务程序入口地址

该寄存器中存放对应优先级向量 IRQ 中断服务程序的入口地址。

2. 非向量 IRQ 中断相关寄存器

VICDefVectAddr 寄存器存放非向量中断服务程序的入口地址，当发生非向量中断时该寄存器中保存的地址存入 VICVectAddr 寄存器。VICDefVectAddr 寄存器的位定义见表 5 – 12。

表 5 – 12　向量地址寄存器（VICDefVectAddr）

位	[31：0]
功能	中断服务程序入口地址

在发生向量 IRQ 中断后，VIC 能将对应中断的服务程序地址存入 VICVectAddr 寄存器中。VICVectAddr 寄存器的位定义见表 5 – 13。如果为非向量中断，将把 VICDefVectAddr 寄存器的值存入该寄存器。在异常向量表的 IRQ 异常入口处放置一条指令，将 VICVectAddr 寄存器的内容装入程序计数器（PC），就可以跳转到当前中断的服务函数。这样的设计可以减小中断响应延时。

表 5 – 13　向量地址寄存器（VICVectAddr）

位	[31：0]
功能	中断服务程序入口地址

3. 中断状态寄存器

如果使用了多个非向量 IRQ 中断或多个 FIQ 中断，那么在发生中断后要在程序中查找中断源。通过 IRQ 状态寄存器和 FIQ 状态寄存器可以了解到这些中断源的中断请求状态。

任何在 VIC 中使能的中断都会把中断请求反映在"所有中断状态寄存器（VICRawIntr）"中。

所有中断状态寄存器（VICRawIntr）的位定义见表 5 – 14，FIQ 状态寄存器（VICFIQStatus）的位定义见表 5 – 15，IRQ 状态寄存器（VICIRQStatus）的位定义见表 5 – 16。

表5-14 所有中断状态寄存器（VICRawIntr）

位	[31：0]
功能	当某位为1时表示对应位的中断源产生中断请求

表5-15 FIQ状态寄存器（VICFIQStatus）

位	[31：0]
功能	当某位为1时表示对应位的中断源产生FIQ中断请求

表5-16 IRQ状态寄存器（VICIRQStatus）

位	[31：0]
功能	当某位为1时表示对应位的中断源产生IRQ中断请求

4. 软件中断寄存器

在一些特殊场合或者调试时，可能需要使用软件强制产生某个中断请求。软件中断寄存器（VICSoftInt）的位定义见表5-17，软件中断清零寄存器（VICSoftIntClear）的位定义见表5-18。

表5-17 软件中断寄存器（VICSoftInt）

位	[31：0]
功能	当某位为1时，将产生与该位相对应的中断请求

表5-18 软件中断清零寄存器（VICSoftIntClear）

位	[31：0]
功能	当某位为1时，将清零VICSoftInt寄存器中对应位

5. 保护使能寄存器

在某些场合可能需要禁止在用户模式下访问VIC寄存器，以提高软件的安全等级，见表5-19。

表5-19 软件中断寄存器（VICSoftInt）

位	[31：1]	0
功能	—	当该位为1时，只能在特权模式下访问VIC寄存器

5.5.2 向量中断控制器项目

本项目使用外部中断，需要了解外部中断标志寄存器（EXTINT）。EXTINT的低4位是EINT0～EINT3的中断标志位，通过对相应位写1进行清零；中断程序执行后，必须要将相应的标志位清零，否则以后EINTx引脚所触发的事件将不能再被识别。外部中断标志寄存器的位描述见表5-20。

表 5 – 20   外部中断标志寄存器（EXTINT）

位	符号	描述
0	EINT0	EINT0 中断标志，通过写 1 清除
1	EINT1	EINT1 中断标志，通过写 1 清除
2	EINT2	EINT2 中断标志，通过写 1 清除
3	EINT3	EINT3 中断标志，通过写 1 清除

项目一：使用外部中断 1 实现 LED 点亮/熄灭控制，EINT1 连接按键，当按下按键时即可触发外部中断 1。外部中断占用 VIC 通道号为 15。外部中断控制 Proteus 仿真电路如图 5 – 13 所示。

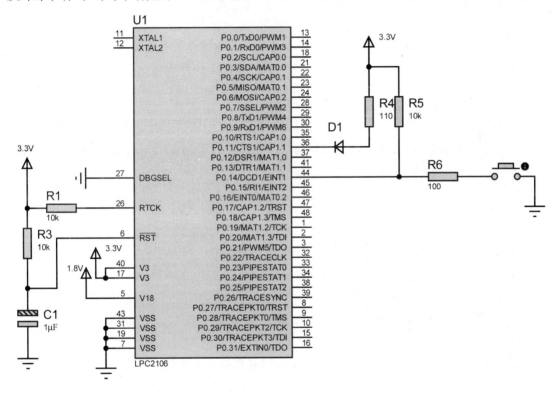

图 5 – 13   外部中断控制 Proteus 仿真电路

程序代码：

```
#include "config.h"
#define LEDCON 0x00000800
```

```
/*************************************************************
*********************
* 名称：__irg IRQ_Eint1 (void)
* 功能：中断处理
*************************************************************
*********************/
```

```
void _ _ irq IRQ_ Eint1 (void)
{ uint32  i;

  i = VICIRQStatus;                //读出 VICIRQStatus 的值

  i = IOSET;                       //读出当前 LED2 控制值
  if ( (i&LEDCON) == 0)            //控制 LED2 控制值
    { IOSET = LEDCON; }
  else
    { IOCLR = LEDCON; }
  while ( (EXTINT&0x02)! = 0)      //等待外部中断信号恢复为高电平
    { EXTINT = 0x02; }            //清除 EINT1 中断标志

  VICVectAddr = 0x00;
}
/*************************************************************
********************
* 名称: main ()
* 功能:
  *************************************************************
******************* /
int  main (void)
  {
  PINSEL0 = 0x20000000;        //设置 I/O 口工作模式，P0.14 设置为 EINT1
  PINSEL1 = 0x00000000;
  IODIR = LEDCON;              //设置 LED 控制口为输出，其他 I/O 口为输入

  IOSET = LEDCON;

  IOCLR = LEDCON;
  VICIntSelect = 0;
  VICIntEnable = 0x00008000;
  VICVectCntl1 = 0x2F;
      VICVectAddr1 = (int) IRQ_ Eint1;
  EXTINT = 0x07;     //清除外部中断标志

  while (1);
  }
```

5.6 定 时 器

5.6.1 寄存器描述

LPC2000 系列"微控制器"具有两个功能强大的定时器，它们具有以下特性。

（1）具有 32 位可编程预分频器。

（2）多达 4 路捕获通道，可设置被捕获信号的特征。

（3）4 个 32 位匹配寄存器，可设置匹配发生后的动作。

（4）4 个对应于匹配寄存器的外部输出，可设置匹配输出的信号特征。

定时器引脚描述见表 5 - 21、表 5 - 22。

表 5 - 21　捕获信息

管脚名称	管脚方向	管脚描述
CAP0.3 ~ CAP0.0 CPA1.3 ~ CAP1.0	输入	捕获信号。用来捕获管脚的跳变，可配置为将定时器值装入一个捕获寄存器，并可选择产生一个中断。可选择多个管脚用作捕获功能，而且，假设如果有 2 个管脚被选择并行提供 CAP0.2 功能，它们的输入将进行逻辑或，所得结果用作一个捕获输入

表 5 - 22　外部匹配输出 0/1

管脚名称	管脚方向	管脚描述
MAT0.3 ~ MAT0.0 MAT1.3 ~ MAT1.0	输出	外部匹配输出 0/1。当匹配寄存器 0/1（MR3：0）等于定时器计数器（TC）时，该输出可翻转、变为低电平、变为高电平或不变。外部匹配寄存器（EMR）控制该输出的功能。可选择多个管脚并行用作匹配输出功能。例如，同时选择两个管脚并行提供 MAT1.3 功能

LPC2000 微控制器中与定时器相关的寄存器数量较多，但可以分为以下 3 类。

（1）基本功能相关寄存器。

（2）匹配功能相关寄存器。

（3）捕获功能相关寄存器。

定时器基本功能寄存器见表 5 - 23，其结构图如图 5 - 14 所示。

表5-23　定时器基本功能寄存器

名称	描述	访问	复位值
TCR	定时器控制寄存器。控制定时器计数器功能（禁止或复位）	读写	0
TC	定时器计数器。为32位计数器，计数频率为pclk经过预分频计数器后的频率值	读写	0
PR	预分频控制寄存器。用于设定预分频值，为32位寄存器	读写	0
PC	预分频计数器。为32位计数器，计数频率为pclk，当计数值等于预分频计数器的值时，TC计数器加1	读写	0
IR	中断标志寄存器。读该寄存器识别中断源，写该寄存器清除中断标志	读写	0

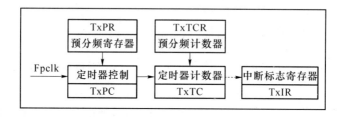

图5-14　定时器基本功能寄存器结构图

TxPC寄存器为32位寄存器，其位定义见表5-24。预分频计数器每个pclk周期加1。当其到达预分频寄存器中保存的值时，定时器计数器加1，预分频计数器在下个pclk周期复位。这样，当PR=0时，定时器计数器每个pclk周期加1，当PR=1时，定时器计数器每2个pclk周期加1。

表5-24　TxPC寄存器位定义

位	31：0	复位值
功能	计数值	0

定时器控制寄存器TCR用于控制定时器计数器的操作。其功能描述见表5-25。

表5-25　定时器控制寄存器TCR

TCR	功能	描述	复位值
0	计数器使能	1：定时器计数器和预分频计数器使能计数； 0：定时器计数器和预分频计数器停止计数	0
1	计数器复位	为1时定时器计数器和预分频计数器在pclk的下一个上升沿同步复位。计数器在TCR的bit1恢复为0之前保持复位状态	0

当预分频计数器到达计数的上限时，定时器计数器寄存器（TxTC）加1。TC从0x00000000计数一直到0xFFFFFFFF，然后翻转至0，除非中途被复位。计数值翻转不会引

起中断。定时器计数器寄存器（TxTC）的位定义见表 5 - 26。

表 5 - 26　定时器计数器寄存器（TxTC）

位	31：0	复位值
功能	计数值	0

中断寄存器有 4 个位用于匹配中断，另外 4 个位用于捕获中断。如果有中断产生，IR 中的对应位会置位。向对应的 IR 位写入 1 会复位中断，写入 0 无效。中断标志寄存器的位定义见表 5 - 27。

表 5 - 27　中断标志寄存器

位	功能	描述	位	功能	描述
0	MR0 中断	匹配 0 中断	4	CR0 中断	捕获 0 中断
1	MR1 中断	匹配 1 中断	5	CR1 中断	捕获 1 中断
2	MR2 中断	匹配 2 中断	6	CR2 中断	捕获 2 中断
3	MR3 中断	匹配 3 中断	7	CR3 中断	捕获 3 中断

匹配功能寄存器的名称及功能描述见表 5 - 28。

表 5 - 28　匹配功能寄存器

名称	描述	访问	复位值
MCR	匹配控制寄存器，用于控制在匹配时是否产生中断或复位 TC	读/写	0
MR0	匹配寄存器 0，通过 MCR 寄存器可以设置匹配发生时的动作	读/写	0
MR1	匹配寄存器 1，通过 MCR 寄存器可以设置匹配发生时的动作	读/写	0
MR2	匹配寄存器 2，通过 MCR 寄存器可以设置匹配发生时的动作	读/写	0
MR3	匹配寄存器 3，通过 MCR 寄存器可以设置匹配发生时的动作	读/写	0
EMR	外部匹配寄存器，EMR 控制外部匹配管脚 MATx. 0 ~ MATx. 3	读/写	0

匹配功能寄存器 MCR 的位定义见表 5 - 29。

表 5 - 29　匹配功能寄存器 MCR

位	功能	描述	复位值
0	中断	为 1 时，MR0 与 TC 值的匹配将产生中断；为 0 时禁止	0
1	复位	为 1 时，MR0 与 TC 值的匹配将使 TC 复位；为 0 时禁止	0
2	停止（MR0）	为 1 时，MR0 与 TC 值的匹配将清零 TCR 的 bit0 位，使 TC 和 PC 停止；为 0 时该特性被禁止	0
5：3	MR1	与匹配 0（MR0）对应位功能相同（略）	0
8：6	MR2		0
11：9	MR3		0

外部匹配控制位定义见表5－30。

表5－30　外部匹配控制

位	功能	描述	复位值
0	外部匹配0		0
1	外部匹配1	反映相应外部匹配的状态，而不管是否连接到管脚。发生匹	0
2	外部匹配2	配时该位的动作由 EMR 中相应的控制位决定	0
3	外部匹配3		0
5：4	外部匹配控制	决定相应外部匹配的功能。	0
7：6	外部匹配控制	00：不执行任何动作；	0
9：8	外部匹配控制	01：将对应的外部匹配输出设置为0； 10：将对应的外部匹配输出设置为1；	0
11：10	外部匹配控制	11：使对应的外部匹配输出翻转	0

捕获功能寄存器的名称及功能描述见表5－31。

表5－31　捕获功能寄存器

名称	描述	访问	复位值
CCR	捕获控制寄存器，用于设置捕获信号的触发特征，以及捕获发生时是否产生中断	读/写	0
CR0	捕获寄存器0，在捕获0引脚上产生捕获时间时，CR0 装载 TC 的值	只读	0
CR1	功能同上	只读	0
CR2	功能同上	只读	0
CR3	功能同上	只读	0

在发生捕获事件时，捕获控制寄存器用于控制是否将定时器计数值装入寄存器，同时还可以设置被捕获信号的特征。

捕获控制 CCR 位定义见表5－32。

表5－32　捕获控制 CCR

位	功能	描述	复位值
0	CAPn.0 上升沿捕获	为1时，CAPn.0 引脚上0到1的跳变将导致 TC 的内容装入 CR0；为0时，该特性被禁止	0
1	CAPn.1 下降沿捕获	为1时，CAPn.0 引脚上1到0的跳变将导致 TC 的内容装入 CR0；为0时，该特性被禁止	0
2	CAPn.0 事件中断	为1时，CAPn.0 的捕获事件将产生一个中断；为0时该特性被禁止	0
5：3	CAPn.1	与 CAPn.0 对应位功能相同（略）	0
8：6	CAPn.2	与 CAPn.0 对应位功能相同（略）	0
11：9	CAPn.3	与 CAPn.0 对应位功能相同（略）	0

每个捕获寄存器都与一个或几个器件管脚相关联。当管脚发生特定的事件时，可将定时器计数值装入该寄存器。捕获控制寄存器的设定决定捕获功能是否使能，以及捕获事件在管脚的上升沿、下降沿或是双边沿发生。

使用定时器的注意要点：

（1）定时计数器（TC）本身不能产生中断，只有与匹配寄存器发生匹配后才能引起中断事件。

（2）在定时器匹配发生后，可以不停止定时器工作，而动态修改匹配寄存器的值。

（3）定时器使用匹配功能的同时，还可以使用捕获功能，而不必分时使用。

（4）定时器计数时钟频率 $= Fpclk/（PR+1）$。

定时器设置为匹配时复位计数器并产生中断。预分频设置为 2，匹配寄存器设置为 6。在发生匹配的定时器周期结束时，定时器计数值复位，这样就使匹配值具有完整长度的周期。如图 5－15 所示。

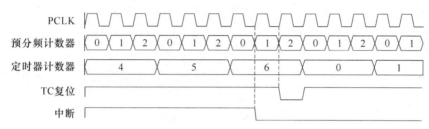

图 5－15　PR＝2，MRx＝6，匹配时使能中断和复位

定时器 0 初始化代码：

```
Void Time0 Init (void)
{
    T0TC  = 0;              //定时器设置为 0
    T0PR  = 0x02;           //设置预分频值
    T0MCR = 0x03;           //设置匹配模式，复位并中断
    T0MR0 = Fpclk /10;      //设置匹配值，0.1 s
    T0TCR = 0x01;           //启动定时器 0
}
```

5.6.2　定时器项目

项目一：用定时器测量脉冲宽度。如图 5－16 所示。

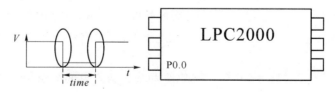

图 5－16　定时器测量脉冲宽度

代码：

```
T0TC = 0;
```

167

```
T0PR=0;
While (IOPIN&0x00000001)!=0);        //等待引脚电平变低
T0TCR=0x01;                          //启动定时器0
While (IOPIN&0x00000001) ==0);       //等待引脚电平变高
T0TCR=0x00;                          //关闭定时器0
Time=TOTCR;                          //读取定时器值, 即为脉宽
```

项目二: 使用定时器0实现1s定时, 并打开IRQ中断, 控制LED闪烁。同时使用定时器1实现比较匹配输出。定时器仿真电路如图5-17所示。

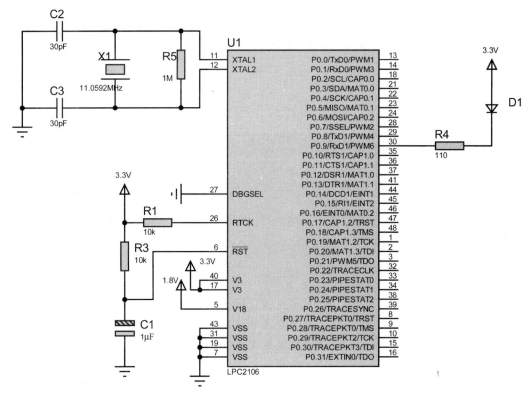

图5-17 定时器仿真电路

相关代码:

在ADS项目中的config.h文件中添加以下代码:

```
/* 系统设置, Fosc、Fcclk、Fcco、Fpclk必须定义 */
#define Fosc    11059200        //晶振频率, 10 M~25MHz, 应当与实际一致
#define Fcclk   (Fosc *4)       //系统频率, 必须为Fosc的整数倍 (1~32), 且 < =
60 MHz
#define Fcco    (Fcclk *4)      //CCO频率, 必须为Fcclk的2、4、8、16倍, 范
                                  围为156~320 MHz
#define Fpclk   (Fcclk/4) *1    //VPB时钟频率, 只能为 (Fcclk/4) 的1~
                                  4倍
```

target.c 文件中添加以下代码：

```c
void TargetInit (void)
{
/*初始化定时器0，实现0.5s定时；使用定时器1匹配输出0的翻转功能
Fcclk = Fosc * 4 = 14.745 MHz * 4 = 58.98 MHz
Fpclk = Fcclk / 4 = 58.98 MHz / 4 = 14.745 MHz
* /
/*定时器0初始化* /
T0PR = 99;                //设置定时器分频为100分频，得147450Hz
T0MCR = 0x03;             //匹配通道0匹配中断并复位T0TC
T0MR0 = 147450 / 2;       //0.5s定时
T0TCR = 0x03;             //启动并复位T0TC
T0TCR = 0x01;


/* 设置定时器0中断IRQ * /
VICIntSelect = 0x00;                //所有中断通道设置为IRQ中断
VICVectCntl0 = 0x20 | 14;           //定时器0中断通道分配最高优先级（向量控
                                    //制器0）
VICVectAddr0 = (int) IRQ_ Time0;    //设置中断服务程序地址向量
VICIntEnable = 1 << 14;             //使能定时器0中断


/*定时器1初始化* /
T1PR = 99;            //设置定时器分频为100分频，得147450Hz
T1MCR = 0x02;         //T1匹配通道1匹配后复位T1TC
T1EMR = 0X30;         //T1MR0匹配后MAT1.0输出翻转
T1MR0 = 147450;       //输出频率周期控制
T1TCR = 0x03;         //启动并复位T1TC
T1TCR = 0x01;
}
* File：Main.c
#include    " config.h"
#define     LEDCON    1 << 9    /*P0.9引脚控制LED，低电平点亮
/**************************************************************
********************
* 名称：main ()
* 功能：控制LED闪烁
**************************************************************
******************/
int main (void)
{
```

```
    PTNSEL0 = 0x02000000;        //设置 MAT1.0 连接到 P0.12
    PINSEL1 = 0x00000000;
    IODIR = LEDCON;              //设置 LED 控制口为输出
    TargetInit ();               //定时器 0、1 初始化 (Target.c 文件)
    while (1);                    //等待定时器 0 中断或定时器 1 匹配输出
    return (0);
}
/**************************************************************
**********************
  *名称: IRQ_ Time0 ()
  *功能: 定时器 0 中断服务程序,控制 LED 闪烁
  **************************************************************
********************/

void _ irq IRQ_ Time0 (void)
{
    If ( (IOPIN & LEDCON) == 0) IOSET = LEDCON;
        else              IOCLR = LEDCON;
    T0 IR = 0x01;                //清除中断标志
    VICVectAddr = 0x00;          //通知 VIC 中断处理结束
}
```

5.7   UART

5.7.1   UART 寄存器描述

LPC2000 系列微控制器具有两个功能强大的 UART,其中 UART0 具有以下的特性。

(1) 16 字节接收 FIFO 和 16 字节发送 FIFO。

(2) 寄存器位置符合 16C550 工业标准。

(3) 接收 FIFO 触发点可设置为 1、4、8 或 14 字节。

(4) 内置波特率发生器。

使用 UART0 通信需要两个引脚,分别如表 5–33 所列。UART0 通信连接示意图如图 5–18 所示。

表 5–33 UART0 通信引脚

引脚名称	类型	描述
RxD0	输入	串行输入,接收数据
TxD0	输出	串行输出,发送数据

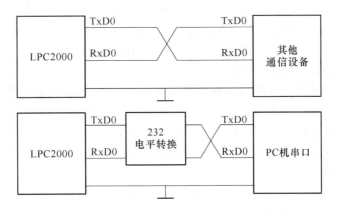

图 5 – 18　UART0 通信连接

1. UATR 接收器缓冲寄存器——UART Receiver Buffer Register

UxRBR 是 UARTx Rx FIFO 的最高字节,它包含了最早接收的字符,可通过总线接口读出。LSB 代表最早接收到的数据位。如果接收的字符小于 8 位,未使用的 MSB 填充为 0。

如果要访问 UxRBR,UxLCR 的除数锁存访问寄存器位(DLAB)必须为 0,UxRBR 为只读寄存器。

由于 PE、PE 和 BI 位于 RBR FIFO 顶端的字节相对应,因此,将接收的字节机器状态位成对读出的正确方法是先读 U0LSR,再读 U0RBR。

2. UART 发送器保持寄存器——UART Transmitter Holding Register

UxTHR 是 UARTx Tx FIFO 的最高字节,它包含了 Tx FIFO 中最新的字符,可通过总线接口写入。LSB 代表最先发送的位。

如果要访问 UxTHR,UxLCR 的除数锁存访问位(DLAB)必须为 0,U0THR 为只写寄存器。

3. UART 除数锁存 LSB 寄存器和 UART 除数锁存 MSB 寄存器

除数锁存寄存器是波特率发生器的一部分,它保存了用于产生波特率时钟的 VPB 时钟分频值,波特率时钟必须是波特率的 16 倍,等式如下:

$$16 \times baud = \frac{Fpclk}{UxDLM, \ UxDLL}$$

则

$$UxDLM, \ UxDLL = \frac{Fpclk}{16 \times baud}$$

UxDLL 和 UxDLM 寄存器一起构成一个 16 位除数,访问 UART 除数锁存寄存器时,除数锁存访问位必须为 1。

4. UART 中断使能寄存器——UART Interrupt Enable Register

UxIER 用于使能 4 个 UART 中断源;

UxIER.0 使能 UART 接收数据中断,还控制字符接收超时中断;

UxIER.1 使能 UART THRE 中断,该中断状态可从 U0LSR.5 读出;

UxIER.2 使能 UART Rx 线状态中断,该中断的状态可从 UxLSR [4:0] 读出。

5. UART 中断标识寄存器——UART Interrupt Identification Register

UxIIR 提供状态代码用于指示一个挂起中断的中断源和优先级。在访问 UxIIR 过程中,中断被冻结。如果访问 UxIIR 时产生了中断，该中断被记录，下次访问 UxIIR 时可以读出。

UxIIR.0 为 0 表明至少有一个中断被挂起，为 1 表示没有挂起的中断。

UxIIR［3：1］：011：接收线状态（）RSL；010：接收数据可用（RDA）；110：字符超时指示（CTI）；001：THRE 中断。

给定了 UxIIR 的状态，中断处理程序就能确定中断源以及如何清除激活的中断。在退出中断服务程序之前，必须读取 UxIIR 来清除中断。

UART RLS 中断（UxIIR［3：1］=011）是最高优先级的中断。只要 UART Rx 输入产生 4 个错误条件（溢出错误、奇偶错误、帧错误和间隔中断）中的任何一个，该中断标志将置位。产生该中断的 UART Rx 错误条件可以通过查看 UxLSR［4：1］得到。当读取 Ux-LSR 时清除中断。

UART RDA 中断（UxIIR［3：1］=010）与 CTI 中断共用第二优先级。当 UART Rx FIFO 到达 UxFCR［7：6］所定义的触发点时，RDA 被激活。当 UART Rx FIFO 的深度低于触发点时，RDA 复位。当 RDA 中断激活时，CPU 可读出由触发点所定义的数据块。

CTI 中断（UxIIR［3：1］=110）为第二优先级中断。当 UART Rx FIFO 包含至少 1 个字符并且在接收到 3.5～4.5 字符的时间内没有发生 UART Rx FIFO 动作时，产生该中断。UART Rx FIFO 的任何动作（读或写 UART RSR）都会清除该中断。当接收到的信息不是触发值的倍数时，CTI 中断会清空 UART RBR。例如，如果一个外设想要发送一个 105 个字符的信息，而触发值为 10 个字符，那么前 100 个字符将使 CPU 接收 10 个 RDA 中断，而剩下的 5 个字符使 CPU 接收 1～5 个 CTI 中断（取决于服务程序）。

UART THRE 中断（UxIIR［3：1］=001）为第三优先级中断。当 UART THR FIFO 为空并且满足特定的初始化条件时，该中断激活。这些初始条件将使 UART THR FIFO 被数据字符填充，以免系统启动时产生许多 THRE 中断。初始化条件在 THRE–1 时实现了一个字符的延时减去停止位并在上一次 THRE=1 事件之后没有在 UxTHR 中存入至少 2 个字符。在没有译码和服务 THRE 中断时，该延迟为 CPU 提供了将数据写入 UxTHR 的时间。如果 UART THR FIFO 中曾经有两个或更多字符，而当前 UxTHR 为空时，THRE 中断立即设置。当发生 UxTHR 写操作或 UxIIR 读操作并且 THRE 为最高优先级中断（UxIIR［3：1］=001）时，THRE 中断复位。

6. UART FIFO 控制寄存器——UART FIFO Control Register

UxFCR 控制 UART Rx 和 Tx FIFO 的操作：

0：FIFO 使能。高电平使能对 FIFO 以及 UxFCR7：1 的访问。该位必须置位以实现正确的 UART 操作。

1：Rx FIFO 复位。该位置位会清除 UART Rx FIFO 中所有的字节。

2：Tx FIFO 复位。该位置位会清除 UART Tx FIFO 中所有的字节。

7：6　Rx 触发选择：

00：触发点 0（默认 1 个字节）；

01：触发点 1（默认 4 个字节）；

10：触发点 2（默认 8 个字节）；

11：触发点 3（默认 14 个字节）。

这两个位决定在激活中断前，UART FIFO 必须写入多少个字符。

7. UART 线控制寄存器——UART Line Control Register

UxLCR 决定发送和接收数据字符的格式。如：

1：0　字长度选择：

        00：5 位字符长度；

        01：6 位字符长度；

        10：7 位字符长度；

        11：8 位字符长度。

2　停止位选择：

        0：1 个停止位；

        1：2 个停止位。

3　奇偶使能：

        0：禁止奇偶产生和校验；

        1：使能奇偶产生和校验。

5：4　奇偶选择：

        00：奇数；

        01：偶数；

        10：强制为 1；

        11：强制为 0。

6　间隔控制：

        0：禁止间隔发送；

        1：使能间隔发送（当 UxLCR6 = 1 时，输出管脚 TxD 强制为 0）。

7　除数锁存访问位：

        0：禁止访问除数锁存；

        1：允许访问除数锁存。

8. UART 线状态寄存器——UART Line Status Register

UxLSR 为只读寄存器，它提供 UART Tx 和 Rx 模块的状态信息。如：

0　接收数据就绪（RDR）：

        0：UxRBR 为空；

        1：UxRBR 包含有效数据。

当 UxRBR 包含未读取的字符时，UxLSR0 置位；当 UART RBR FIFO 为空时，UxLSR0 清零。

1　溢出错误（OE）：

        0：溢出错误状态未激活；

        1：溢出错误状态激活。

溢出错误条件在错误发生后立即设置。UxLSR 读操作清除 UxLSR1。当 UART RSR 已经有新的字符就绪而 UART RBR FIFO 已满时，UxLSR1 置位。此时 UART RBR FIFO 不会被覆盖，UART RSR 中的字符将丢失。

2　奇偶错误（PE）：

        0：奇偶错误状态未激活；

        1：奇偶错误状态激活。

当接收字符的奇偶位处于错误状态时产生一个奇偶错误。UxLSR 读操作清除 UxLSR2。奇偶错误检测时间取决于 UxFCR0。奇偶错误与 UARTxRBR FIFO 中读出的字符相关。

　　3　帧错误：

　　　　　0：帧错误状态未激活；

　　　　　1：帧错误状态激活。

　　当接收字符的停止位为 0 时，产生帧错误。UxLSR 读操作清除 UxLSR3。帧错误检测时间取决于 UxFCR0。帧错误与 UARTx RBR FIFO 中读出的字符相关。当检测到一个帧错误时，Rx 将尝试与数据重新同步并假设错误的停止位实际是一个超前的起始位。但即使没有出现帧错误，它也不能假设下一个接收到的字节是正确的。

　　4　间隔中断：

　　　　　0：间隔中断状态未激活；

　　　　　1：间隔中断状态激活。

　　在发送整个字符（起始位、数据、奇偶位和停止位）过程中 RxD0 如果都保持逻辑 0，则产生间隔中断。当检测到中断条件时，接收器立即进入空闲状态直到 RxD0 变为全 1 状态。UxLSR 读操作清除该状态位。

　　5　发送保持寄存器空（THRE）：

　　　　　0：UxTHR 包含有效数据；

　　　　　1：UxTHR 空。

　　6　发送器空（TEMT）：

　　　　　0：UxTHR 和/或 UxTSR 包含有效数据；

　　　　　1：UxTHR 和 UxTSR 空。

　　当 UxTHR 和 UxTSR 都为空时，TEMT 置位。

　　7　Rx FIFO 错误：

　　　　　0：UxRBR 中没有 UART Rx 错误，或 UxFCR0 = 0；

　　　　　1：UxRBR 包含至少一个 UART Rx 错误。

　　当一个带有 Rx 错误的字符装入 UxRBR 时，UxLSR7 置位，当读取 UxLSR 寄存器并且 UART FIFO 中不再有错误时，UxLSR7 清零。

　　UART 的基本操作方法：

　　（1）设置 I/O 连接到 UARTx。

　　（2）设置串口波特率（UxDLM，UxDLL）。

　　（3）设置串口工作模式（UxLCR，UxFCR）。

　　（4）发送或接收数据（UxTHR，UxRBR）。

　　（5）检查串口状态字（UxLSR）或者等待串口中断（UxIIR）。

　　使用示例：

　　（1）串口初始化：

```
#define UART_ BPS 115200              //串口通信波特率
U0 LCR = 0x83;                        //DLAB =1，允许设置波特率
Fdiv = (Fpclk /16) /UART_ BPS;       //设置波特率
U0 DLM = Fdiv /256;
U0 DLL = Fdiv % 256;
U0 LCR = 0x03;                        //DLAB =0，禁止访问除数锁存器
```

（2）向串口发送数据：

```
U0THR = data;                      //data 为要发送的数据
while ( (U0LSR & 0x40) ==0);        //等待数据发送完毕
```

（3）从串口接收数据（查询方式）：

```
while ( (U0LSR & 0x01) ==0);        //等待有效数据
rcv_ dat =U0RBR;                    //读取数据
```

5.7.2　串口通信项目代码编写、编译及 Proteus 电路仿真

向串口 UART0 发送字符串"Hello World!"。

完成 Proteus 电路的设计，其串口电路如图 5-19 所示。

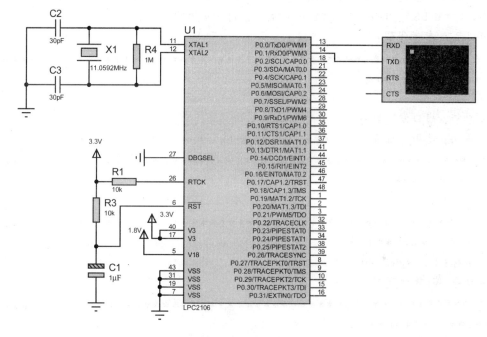

图 5-19　串口电路

相关程序代码：

config. h 头文件的相关定义：

```
/******************************* /
/* 本例子的配置 * /
/******************************* /
/* 系统设置, Fosc、Fcclk、Fcco、Fpclk 必须定义 */
#define Fosc  11059200        //晶振频率, 10 ~25 MHz, 应当与实际一致
#define Fcclk  (Fosc * 4)     //系统频率, 必须为 Fosc 的整数倍 (1 ~32), 且 < =
                                60 MHz
#define Fcco  (Fcclk * 4)//CCO 频率, 必须为 Fcclk 的 2、4、8、16 倍, 范
                                围为 156 ~320 MHz
#define Fpclk  (Fcclk /4) * 1//VPB 时钟频率, 只能为 (Fcclk /4) 的 1~4 倍
```

175

```
//LPC2100 misc uart0 definitions
#define UART0_ PCB_ PINSEL_ CFG  (INT32U) 0x00000005
#define UART0_ INT_ BIT   (INT32U) 0x0040
#define LCR_ DISABLE_ LATCH_ ACCESS   (INT32U) 0x00000000
#define LCR_ ENABLE_ LATCH_ ACCESS    (INT32U) 0x00000080
#define LCR_ DISABLE_ BREAK_ TRANS    (INT32U) 0x00000000
#define LCR_ ODD_ PARITY   (INT32U) 0x00000000
#define LCR_ ENABLE_ PARITY   (INT32U) 0x00000008
#define LCR_ 1_ STOP_ BIT   (INT32U) 0x00000000
#define LCR_ CHAR_ LENGTH_ 8   (INT32U) 0x00000003
#define LSR_ THR_ EMPTY   (INT32U) 0x00000020
```

Main.c参考代码：

```
/*********************************************************
*****************
* File: main.c
* 功能: 串口发送数据
* 说明: 使用外部晶振, 不使用 PLL, Fpclk = Fcclk/4
*********************************************************
*****************/
#include  "config.h"
/*********************************************************
*****************
* 名称: DelayNS ()
* 功能: 长软件延时
*********************************************************
*****************/
void DelayNS (uint32 dly)
{
uint32 i;
  for (; dly >0; dly --)
    for (i =0; i <50000; i ++);
}
/*********************************************************
*****************
* 名称: UART0_ Ini ()
* 功能: 初始化串口 0, 设置为 8 位数据位, 1 位停止位, 无奇偶校验, 波特率为 9600
*********************************************************
*****************/
void UART0_ Ini (void)
{
```

```
    U0 LCR = 0 x83;        //DLAB = 1，可设置波特率
    U0 DLL = 0 x12;
    U0 DLM = 0 x00;
    U0 LCR = 0 x03;
}
/*******************************************************
*****************
* 名称: UART0_ SendByte ( )
* 功能: 向串口发送字节数据，并等待发送完毕
*******************************************************
*****************/
void UART0_ SendByte (uint8 data)
{
    U0 THR = data;                    //发送数据
    while ( (U0 LSR&0 x40)  == 0);//等待数据发送完毕
     {
      uint32 i;
      for (i = 0; i < 5; i ++);    //延时
     }
}
/*******************************************************
*****************
* 名称: UART0_ SendStr ( )
* 功能: 向串口发送一字符串
*******************************************************
*****************/
void UART0_ SendStr (uint8 const ∗ str)
{
while (1)
   {
   if ( ∗ str =='\0')
      {
      UART0_ SendByte ('\r');
      UART0_ SendByte ('\n');
      break;
      }
   UART0_ SendByte ( ∗ str ++);    //发送数据
   }
}
char UART0_ RecvByte (void)
```

```
    {
    while (! (U0 LSR&0x01));
     return U0 RBR;
    }
    /*********************************************
******************名称: main ()
    * 功能: 向串口 UART0 发送字符串"Hello World!"
     *********************************************
****************/
    int main (void)
    {
    uint8   const SEND_ STRING [] ="Hello World! \n";
    PINSEL0 =0x00000005;     //设置 I/O 连接到 UART0
    PINSEL1 =0x00000000;
    UART0_ Ini ();

    UART0_ SendStr (SEND_ STRING);
    DelayNS (10);
       while (1)
    {
       UART0_ SendByte (UART0_ RecvByte ());
    }
    return (0);
    }
```

5.8 脉宽调制 (PWM)

PWM 控制技术是一种简单有效的输出控制技术，其输出电平形式只有高低两种电平，特别适合于计算机来控制产生，在电力电子技术和控制技术里面应用非常广泛。LPC2106/2105/2104 的脉宽调制器以 5.6 节介绍的标准定时器 0 和 1 为基础。它可用于产生 PWM 波或进行定时器匹配。

LPC2106/2105/2104 的脉宽调制器使用起来涉及比较多的寄存器，在学习过程中不容易抓住要点，根据 PWM 的要素可以按下面几个问题进行考虑：

（1）通过哪些引脚输出 PWM 波？如何设置？

（2）PWM 波形跟时间有密切关系，如何设置相应的定时器寄存器，并使之与 PWM 功能联系？

（3）PWM 的周期如何设置？占空比如何设置？能够通过设置寄存器同时控制一个周期中 PWM 的上升沿和下降沿吗？

（4）设置好 PWM 参数后，如何使能 PWM 功能？

（5）如果需要在 PWM 波的某个状态下同步做一件事情，如何使用 PWM 中断？

5.8.1 特性

（1）7 个匹配寄存器，可实现 6 个单边沿控制或 3 个双边沿控制 PWM 输出，或这两种类型的混合输出。

① 连续操作，可选择在匹配时产生中断；

② 匹配时停在定时器，可选择产生中断；

③ 匹配时复位定时器，可选择产生中断。

（2）支持单边沿控制和/或双边沿控制的 PWM 输出。单边沿控制 PWM 输出在每个周期开始时总是高电平，除非输出保持恒定低电平。双边沿控制 PWM 输出可在一个周期内的任何位置产生边沿。这样可同时产生正和负脉冲。

（3）脉冲周期和宽度可以是任何的定时器计数值。这样可实现灵活的分辨率和重复速率的设定。所以 PWM 输出都以相同的重复率发生。

（4）双边沿控制的 PWM 输出可编程为正脉冲或负脉冲。

（5）匹配寄存器更新与脉冲输出同步，防止产生错误的脉冲。软件必须在新的匹配值生效之前将它们释放。

（6）如果不使用 PWM 模式，可作为一个标准定时器。

（7）带可编程 32 位预分频器的 32 位定时器/计数器。

5.8.2 描述

PWM 模块基于标准的定时器模块并具有其所有特性。定时器对外设时钟（pclk）进行计数，通过与 7 个匹配寄存器相比较来生成 PWM。因此 PWM 功能是定时器建立在匹配寄存器基础之上的一个附加特性。

通过对 PWMPCR 寄存器的位进行设置，可以生成单边沿的 PWM，也可以生成更灵活的双边沿 PWM。PWM 的占空比和边沿位置通过匹配寄存器进行设置。

两个匹配寄存器可用于提供单边沿控制的 PWM 输出。设置匹配寄存器 MR0 来控制 PWM 周期。其他的匹配寄存器（MR1 ~MR6）控制 PWM 边沿的位置。所有通道的 PWM 周期都由匹配寄存器 MR0 决定，各通道 PWM 周期相同，占空比由 MR1 ~MR6 的数值决定。因此最多可以产生 6 个通道的单边沿 PWM。每当一个 PWM 周期开始，输出都为高电平，多个单边沿 PWM 将同时输出，当计数器与各通道匹配寄存器发生匹配时，变为低电平。

3 个匹配寄存器可用于提供一个双边沿控制 PWM 输出。MR0 匹配寄存器控制 PWM 周期速率，其他匹配寄存器控制两个 PWM 边沿位置，具体哪个匹配寄存器匹配的是上升沿还是下降沿根据表 5 - 34 来确定。因为所有 PWM 输出的周期和起始计算时间是相同的，都由MR0 匹配了，所有每个双边沿控制 PWM 输出还需要两个匹配寄存器。使用双边沿控制PWM 输出时，通过指定的匹配寄存器控制输出的上升和下降沿可以产生正脉冲（当上升沿先于下降沿时）和负脉冲（当下降沿先于上升沿时）。

表5-34　PWM触发器的位置和复位输入

PWM通道	单边沿PWM（PWMSELn=0）		双边沿PWM（PWMSELn=1）	
	置位	复位	置位	复位
1	匹配0	匹配1	匹配0	匹配1
2	匹配0	匹配2	匹配1	匹配2
3	匹配0	匹配3	匹配2	匹配3
4	匹配0	匹配4	匹配3	匹配4
5	匹配0	匹配5	匹配4	匹配5
6	匹配0	匹配6	匹配5	匹配6

1. 管脚描述

表5-35汇集了所有与PWM相关的引脚。

表5-35　PWM管脚汇总

管脚名称	管脚方向	管脚描述
PWM1	输出	PWM通道1输出
PWM2	输出	PWM通道2输出
PWM3	输出	PWM通道3输出
PWM4	输出	PWM通道4输出
PWM5	输出	PWM通道5输出
PWM6	输出	PWM通道6输出

2. 寄存器描述

PWM功能定义的寄存器和寄存器位，见表5-36。

表5-36　PWM寄存器映射

地址	名称	描述	访问	复位值
0xE0014000	PWMIR	PWM中断寄存器，可以写IR来清除中断。可以读取IR来识别哪个中断源被挂起	R/W	0
0xE0014004	PWMTCR	PWM定时控制寄存器，TCR用于控制定时器计数器功能。定时器计数器可以通过TCR禁止和复位	R/W	0
0xE0014008	PWMTC	PWM定时计数器，32位TC每经过PR+1个pclk周期加1。TC通过TCR进行控制	R/W	0
0xE001400C	PWMPR	PWM预分频寄存器，TC每经过PR+1个pclk周期加1	R/W	0
0xE0014010	PWMPC	PWM预分频计数器，每当PC的值增加到等于PR中保存的值时，TC加1	R/W	0
0xE0014014	PWMMCR	PWM匹配控制寄存器，MCR用于控制在匹配时是否产生中断和复位TC	R/W	0

地址	名称	描述	访问	复位值
0xE0014018	PWMMR0	PWM 匹配寄存器 0，MR0 可通过 MCR 设定为在匹配时复位 TC，停止 TC 和 PC 和/或产生中断。此外，MR0 和 TC 的匹配将置位所有单边沿模式的 PWM 输出，并置位双边沿模式下的 PWM1 输出	R/W	0
0xE001401C	PWMMR1	PWM 匹配寄存器 1，MR1 可通过 MCR 设定为在匹配时复位 TC，停止 TC 和 PC 和/或产生中断。此外，MR1 和 TC 的匹配将清零单边沿模式或双边沿模式下的 PWM1，并置位双边沿模式下的 PWM2 输出	R/W	0
0xE0014020	PWMMR2	PWM 匹配寄存器 2，MR2 可通过 MCR 设定为在匹配时复位 TC，停止 TC 和 PC 和/或产生中断。此外，MR2 和 TC 的匹配将清零单边沿模式或双边沿模式下的 PWM2，并置位双边沿模式下的 PWM3 输出	R/W	0
0xE0014024	PWMMR3	PWM 匹配寄存器 3，MR3 可通过 MCR 设定为在匹配时复位 TC，停止 TC 和 PC 和/或产生中断。此外，MR3 和 TC 的匹配将清零单边沿模式或双边沿模式下的 PWM3，并置位双边沿模式下的 PWM4 输出	R/W	0
0xE0014040	PWMMR4	PWM 匹配寄存器 4，MR4 可通过 MCR 设定为在匹配时复位 TC，停止 TC 和 PC 和/或产生中断。此外，MR4 和 TC 的匹配将清零单边沿模式或双边沿模式下的 PWM4，并置位双边沿模式下的 PWM5 输出	R/W	0
0xE0014044	PWMMR5	PWM 匹配寄存器 5，MR5 可通过 MCR 设定为在匹配时复位 TC，停止 TC 和 PC 和/或产生中断。此外，MR5 和 TC 的匹配将清零单边沿模式或双边沿模式下的 PWM5，并置位双边沿模式下的 PWM6 输出	R/W	0
0xE0014048	PWMMR6	PWM 匹配寄存器 6，MR6 可通过 MCR 设定为在匹配时复位 TC，停止 TC 和 PC 和/或产生中断。此外，MR6 和 TC 的匹配将清零单边沿模式或双边沿模式下的 PWM6	R/W	0
0xE001404C	PWMPCL	PWM 控制寄存器，使能 PWM 输出并选择 PWM 通道类型为单边沿或双边沿控制	R/W	0
0xE0014050	PWMLER	PWM 锁存使能寄存器，使能使用新的 PWM 匹配值	R/W	0

3. 中断寄存器（PWMIR – 0xE0014000）

中断寄存器包含 11 个位，见表 5 – 37。其中 7 个位用于匹配中断，4 个位保留将来之用。如果中断产生，IR 中的对应位会置位，否则为 0。相对应的 IR 位写入 1 会复位中断，写入 0 无效。

表 5 – 37 中断寄存器

PWMIR	功能	描述	复位值
0	PWMMR0 中断	PWM 匹配通道 0 的中断标志	0
1	PWMMR1 中断	PWM 匹配通道 1 的中断标志	0
2	PWMMR2 中断	PWM 匹配通道 2 的中断标志	0
3	PWMMR3 中断	PWM 匹配通道 3 的中断标志	0
4	保留	应用程序不能向该位写入 1	0
5	保留	应用程序不能向该位写入 1	0
6	保留	应用程序不能向该位写入 1	0
7	保留	应用程序不能向该位写入 1	0
8	PWMMR4 中断	PWM 匹配通道 4 的中断标志	0
9	PWMMR5 中断	PWM 匹配通道 5 的中断标志	0
10	PWMMR6 中断	PWM 匹配通道 6 的中断标志	0

4. PWM 定时器控制寄存器（PWMTCR – 0xE0014004）

定时器控制寄存器 PWMTCR 用于控制 PWM 定时器计数器的操作。

定时器控制寄存器的功能描述见表 5 – 38。

表 5 – 38 定时器控制寄存器

PWMTCR	功能	描述	复位值
0	计数器使能	为 1 时，PWM 定时器计数器和 PWM 预分频计数器使能计数。为 0 时，计数器被禁止	0
1	计数器复位	为 1 时，PWM 定时器计数器 PWM 预分频计数器在 pclk 的下一个上升沿同步复位。计数器在 TCR [1] 恢复为 0 之前保持复位状态	0
2	保留	保留用户软件不要向其写入 1，从保留位读出的值未被定义	NA
3	PWM 使能	为 1 时，PWM 模式使能。PWM 模式将映像寄存器连接到匹配寄存器。只有在 PWMLER 中的相应位置位后发生的匹配 0 事件才会使程序写入匹配寄存器的值生效。需要注意的是，决定 PWM 速率的匹配寄存器（PWMMR0）必须在使能 PWM 之前设定，否则不会发生使映像寄存器内容生效的匹配事件	0

5. 定时器计数器（PWMTC - 0xE0014008）

当预分频计数器到达计数的上限时，32 位定时器计数器加 1。如果 PWMTC 在到达计数上限之前没有被复位，它将一直计到 0xFFFFFFFF 然后翻转为 0x00000000，该事件不会产生中断。如果需要，可用匹配寄存器检测溢出。

6. 预分频寄存器（PWMPR - 0xE001400C）

32 位预分频寄存器，直到预分频寄存器的最大值。

7. 预分频计数器寄存器（PWMPC - 0xE0014010）

预分频计数器使用某个常量来控制 pclk 的分频，这样可以实现控制定时器溢出时间之间的关系。预分频计数器每个 pclk 周期加 1。当其到达 PWMPR 中保存的值时，PWM 定时器计数器加 1，PWMPC 在下一个 pclk 周期复位。这样，当 PWMPR = 0 时，PWMTC 每 1 个 pclk 周期加 1，当 PWMPR = 1 时，PWMTC 每 2 个 pclk 周期加 1。

8. 匹配控制寄存器（PWMMCR - 0xE0014014）

PWM 匹配控制寄存器用于控制在发生匹配时所执行的操作。每个位的功能见表 5 - 39。

表 5 - 39　匹配控制寄存器

PWMMCR	功能	描述	复位值
0	中断（PWMMR0）	为 1 时，PWMMR0 与 PWMTC 值的匹配将产生中断；为 0 时，该中断被禁止	0
1	复位（PWMMR0）	为 1 时，PWMMR0 与 PWMTC 值的匹配将使 PWMTC 复位；为 0 时，该特性被禁止	0
2	停止（PWMMR0）	为 1 时，PWMMR0 与 PWMTC 值的匹配将使 PWMTC 和 PWMPC 停止并使 PWMTCR [0] 复位为 0；为 0 时，该特性被禁止	0
3	中断（PWMMR1）	为 1 时，PWMMR1 与 PWMTC 值的匹配将产生中断；为 0 时，该中断被禁止	0
4	复位（PWMMR1）	为 1 时，PWMMR1 与 PWMTC 值的匹配将使 PWMTC 复位；为 0 时，该特性被禁止	0
5	停止（PWMMR1）	为 1 时，PWMMR1 与 PWMTC 值的匹配将使 PWMTC 和 PWMPC 停止并使 PWMTCR [0] 复位为 0；为 0 时，该特性被禁止	0
6	中断（PWMMR2）	为 1 时，PWMMR2 与 PWMTC 值的匹配将产生中断；为 0 时，该中断被禁止	0
7	复位（PWMMR2）	为 1 时，PWMMR2 与 PWMTC 值的匹配将使 PWMTC 复位；为 0 时，该特性被禁止	0

PWMMCR	功能	描述	复位值
8	停止（PWMMR2）	为 1 时，PWMMR2 与 PWMTC 值的匹配将使 PWMTC 和 PWMPC 停止并使 PWMTCR［0］复位为 0；为 0 时，该特性被禁止	0
9	中断（PWMMR3）	为 1 时，PWMMR3 与 PWMTC 值的匹配将产生中断；为 0 时，该中断被禁止	0
10	复位（PWMMR3）	为 1 时，PWMMR3 与 PWMTC 值的匹配将使 PWMTC 复位；为 0 时，该特性被禁止	0
11	停止（PWMMR3）	为 1 时，PWMMR3 与 PWMTC 值的匹配将使 PWMTC 和 PWMPC 停止并使 PWMTCR［0］复位为 0；为 0 时，该特性被禁止	0
12	中断（PWMMR4）	为 1 时，PWMMR4 与 PWMTC 值的匹配将产生中断；为 0 时，该中断被禁止	0
13	复位（PWMMR4）	为 1 时，PWMMR4 与 PWMTC 值的匹配将使 PWMTC 复位；为 0 时，该特性被禁止	0
14	停止（PWMMR4）	为 1 时，PWMMR4 与 PWMTC 值的匹配将使 PWMTC 和 PWMPC 停止并使 PWMTCR［0］复位为 0；为 0 时，该特性被禁止	0
15	中断（PWMMR5）	为 1 时，PWMMR5 与 PWMTC 值的匹配将产生中断；为 0 时，该中断被禁止	0
16	复位（PWMMR5）	为 1 时，PWMMR5 与 PWMTC 值的匹配将使 PWMTC 复位；为 0 时，该特性被禁止	0
17	停止（PWMMR5）	为 1 时，PWMMR5 与 PWMTC 值的匹配将使 PWMTC 和 PWMPC 停止并使 PWMTCR［0］复位为 0；为 0 时，该特性被禁止	0
18	中断（PWMMR6）	为 1 时，PWMMR6 与 PWMTC 值的匹配将产生中断；为 0 时，该中断被禁止	0
19	复位（PWMMR6）	为 1 时，PWMMR6 与 PWMTC 值的匹配将使 PWMTC 复位；为 0 时，该特性被禁止	0
20	停止（PWMMR6）	为 1 时，PWMMR6 与 PWMTC 值的匹配将使 PWMTC 和 PWMPC 停止并使 PWMTCR［0］复位为 0；为 0 时，该特性被禁止	0

9. PWM 锁存使能寄存器（PWMLER – 0xE0014050）

当 PWM 匹配寄存器用于产生 PWM 时，PWM 锁存使能寄存器用于控制 PWM 匹配寄存器的更新。当定时器处于 PWM 模式时如果软件对 PWM 匹配寄存器执行写操作，写入的值保存在一个映像寄存器中。当 PWM 匹配 0 事件发生时（在 PWM 模式下，通常也会复位定时器），如果对应的锁存使能寄存器位已经置位，那么映像寄存器的内容将传送到实际的匹配寄存器中。此时新的值将生效并决定下一个 PWM 周期。当发生新值传送时 PWMLER 中的所有位都自动清零。在 PWMLER 中相应位置位和 PWM 匹配 0 事件发生之前，任何写入 PWM 匹配寄存器的值都不会影响 PWM 操作。

例如，当 PWM2 配置为双边沿操作并处于运行中时，改变定时的典型事件顺序如下：

- 将新值写入 PWM 匹配 1 寄存器；
- 将新值写入 PWM 匹配 2 寄存器；
- 写 PWMLER，同时置位 bit1 和 bit2；
- 更改的值将在下一次定时器复位时（当 PWM 匹配 0 事件发生时）生效。这样就确保了两个值同时生效。如果使用单个值，也可用同样的方法更改。

PWMLER 中所有位的功能见表 5 – 40。

表 5 – 40　PWM 锁存使能寄存器

PWMLER	功能	描述	复位值
0	使能 PWM 匹配 0 锁存	将该位置位，允许最后写入 PWM 匹配 0 寄存器的值在下次定时器复位时生效。见 PWM 匹配控制寄存器 PWMMCR 的描述	0
1	使能 PWM 匹配 1 锁存	将该位置位，允许最后写入 PWM 匹配 1 寄存器的值在下次定时器复位时生效。见 PWM 匹配控制寄存器 PWMMCR 的描述	0
2	使能 PWM 匹配 2 锁存	将该位置位，允许最后写入 PWM 匹配 2 寄存器的值在下次定时器复位时生效。见 PWM 匹配控制寄存器 PWMMCR 的描述	0
3	使能 PWM 匹配 3 锁存	将该位置位，允许最后写入 PWM 匹配 3 寄存器的值在下次定时器复位时生效。见 PWM 匹配控制寄存器 PWMMCR 的描述	0
4	使能 PWM 匹配 4 锁存	将该位置位，允许最后写入 PWM 匹配 4 寄存器的值在下次定时器复位时生效。见 PWM 匹配控制寄存器 PWMMCR 的描述	0
5	使能 PWM 匹配 5 锁存	将该位置位，允许最后写入 PWM 匹配 5 寄存器的值在下次定时器复位时生效。见 PWM 匹配控制寄存器 PWMMCR 的描述	0

续表

PWMLER	功能	描述	复位值
6	使能 PWM 匹配 6 锁存	将该位置位，允许最后写入 PWM 匹配 6 寄存器的值在下次定时器复位时生效。见 PWM 匹配控制寄存器 PWMMCR 的描述	0
7	保留	保留，用户软件不要向其写入 1。从保留位读出的值未被定义	NA

5.8.3　PWM 功能寄存器设置流程

根据上面关于 PWM 相关寄存器的描述，下面是产生 PWM 输出的基本流程的一个参考。

（1）设置 PINSELx 寄存器，使能管脚 PWM 功能。

（2）设置 PWMPR 计数分频值，影响 PWM 计数的快慢。

（3）设置 PWMMCR，控制匹配寄存器 MR0 ~MR6 匹配 PWM 计数器匹配时的动作，如果只是产生 PWM 信号，没有同步的其他动作要求，设置为使 PWMTC 复位。

（4）设置 PWMSEL 相应位来选择使用 PWM 单边沿或双边沿模式。

（5）根据要产生的 PWM 波形周期、占空比、脉冲启停位置等设置 PWMMR0 等匹配寄存器。

（6）设置 PWMTCR 启动定时器，PWM 使能。

（7）设置 PWM 锁存使能寄存器，下次定时器复位时生效

5.8.4　PWM 项目实例

项目实例：可调 PWM 输出。

使用 PWM6 输出 PWM 信号，由 KEY1、KEY2 控制 PWM 占空比，每按一次 KEY1 将会增加一次 PWM 占空比，每按一次 KEY2 将会减少一次 PWM 占空比。通过示波器可以观察到波形。

使用 proteus 完成电路的设计，仿真电路图如图 5 –20 所示。

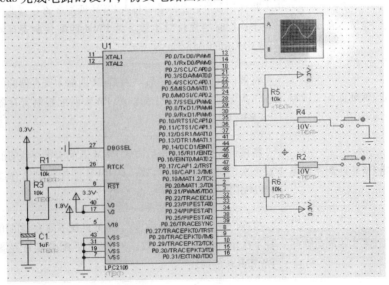

图 5 –20　PWM 功能实训

其程序如下：

```c
* File: Main.c
#include"config.h"

#define   KEY1   0x00002000      /* P0.13 引脚连接 KEY1 */
#define   KEY2   0x00004000      /* P0.14 引脚连接 KEY2 */
//********************* 延时 **********************
void delay (uint32 dly)
{
  uint32 i;
  for (; dly > 0; dly --)
   {
    for (i = 0; i < 5000; i ++);
   }
}


/*****************************************************
**********************
** 函数名称：PWMInit ()
** 功能描述：PWM 初始化
*****************************************************
********************** /
void PWMInit (void)
{
PWMPR = 0x00;           //不分频，计数频率为 Fpclk
PWMMCR = 0x02;          //设置 PWMMR0 匹配时复位 PWMTC
PWMMR0 = 2765;          //设置 PWM 周期
PWMMR6 = 1382;          //设置 PWM 占空比
PWMLER = 0x41;          //PWMMR0，PWMMR6 锁存
PWMPCR = 0x4000;        //允许 PWM6 输出，单边 PWM
PWMTCR = 0x09;          //启动定时器，PWM 使能
}
/*****************************************************
**********************
* 名称：main ()
* 功能：使用 PWM6 输出占空比可调的 PWM 波形
*****************************************************
********************** /
int main (void)
{
```

```
uint32 pwmdata;                    // PWM 占空比控制变量
PINSEL0 = 0x00080000;              // 设置 PWM6 连接到 P0.9 引脚
PINSEL1 = 0x00000000;              // 其他引脚设置为 GPIO
PWMInit ();                        // PWM 初始化
pwmdata = 1000;
while (1)
  {
  PWMMR0 = 2000;                   // 设置 PWM 周期
  PWMMR6 = pwmdata;                // 设置 PWM 占空比 50%
  PWMLER = 0x41;                   // PWMMR0，PWMMR6 锁存，更新 PWM 占空比
  while ( (IOPIN&KEY1)! = 0 && (IOPIN&KEY2)! = 0);    // 等待按键
  delay (10);
  if ( (IOPIN&KEY1) == 0)          // key1 按下，占空比增加 5%；
    {
  pwmdata + = 100;                 // 改变 PWM 占空比控制变量
  if (pwmdata > = 2000) pwmdata = 0;
  while ( (IOPIN&KEY1) == 0);
    }
  else if ( (IOPIN&KEY2) == 0)     // key2 按下，占空比减少 5%；
    {
  pwmdata - = 100;                 // 改变 PWM 占空比控制变量
  if (pwmdata < = 0) pwmdata = 2000;
  while ( (IOPIN&KEY2) == 0);
    }

  }
return (0);
}
```

5.9 模数转换器（ADC）

物理世界中诸如温度、压力、流量、光强、电压、电流等参数一般都是模拟信号，如果计算机要对这些模拟的参数进行处理，必须将这些信号转变成数字信号。一般通过传感器将非电的参数转变成电信号，再经过信号放大、滤波、变换等电路转变成与 ADC 接口匹配的信号，经 ADC 最终转变成计算机内部能处理的数字信号。LPC2100 系列芯片大都配备了 ADC，注意前面项目中使用较多的 PLC2106 内部不带 ADC，故本节以 LPC2103 芯片为例进行介绍。

学习使用 ADC 过程中，需要注意以下几个问题：

（1）处理器通过哪些引脚输入检测电压？如何设置这些引脚？

（2）一个输入通道就对应一个 ADC 吗？

（3）ADC 处理过程中的时钟信号由哪些因素决定？设置哪几个寄存器？

（4）如何设置才可以得到最高的转换精度？

（5）如何启动一次 A/D 转换，并判断 A/D 转换结束，可以读到转换值？

（6）A/D 转换过程相比 CPU 运行速度是比较慢的，如何提高 A/D 转换中处理器的运行效率？

5.9.1 特性

ADC 的特性如下：

（1）10 位逐次逼近式模数转换器。

（2）掉电模式。

（3）测量范围：0V ~ VDD（3V3）。（通常为 3 V；不超过 VDDA 电压电平）

（4）10 位转换时间≥2.44 μs。

（5）一个或多个输入的突发转换模式。

（6）可选择由输入跳变或定时器匹配信号触发转换。

（7）特定结果寄存器用于每个模拟输入来减少中断开销。

5.9.2 描述

A/D 转换器的基本时钟由 APB 时钟提供。每个转换器包含一个可编程分频器，可将时钟调整至逐步逼近转换所需的 4.5 MHz（最大）。完全满足精度要求的转换需要 11 个这样的时钟。

5.9.3 管脚描述

表 5 - 41 给出了每个 ADC 相关管脚的简单总结。

表 5 - 41　ADC 管脚描述

管脚名称	类型	管脚描述
AD0.7：0	输入	模拟输入。A/D 转换器单元可测量输入信号的电压。注意：这些模拟输入通常连接到管脚上，即使管脚功能选择寄存器将它们设定为端口管脚。通过将这些管脚驱动成端口输出来实现 A/D 转换器的简单自测。注：当使用 A/D 转换器时，模拟输入管脚的信号电平在任何时候都不能大于 3.3 V，否则，读出的 A/D 值无效。如果在应用中未使用 A/D 转换器，则 A/D 输入管脚用作可承受 5 V 电压的数字 I/O 口。警告：当 ADC 管脚指定为 5 V 电压时（见表 5 - 3 "管脚描述"），ADC 模块中的模拟复用功能不可用。3.3 V（VDDA）+10% 以上的电压不应该应用到选择作为 ADC 输入的任何管脚，否则 ADC 读操作将不正确。例如，若 AD0.0 和 AD0.1 作为 ADC0 输入，AD0.0 = 4.5 V 而 AD0.1 = 2.5 V，AD0.0 上过量的电压会造成 AD0.1 的错误读操作，尽管 AD0.1 输入电压在正确的范围以内
VDD（3V3）	参考电压	参考电压。该管脚为 A/D 转换器提供参考电压
VDDA，VSSA	电源	模拟电源和地。它们分别与标称为 VDD 和 VSS 的电压相同，但为了降低噪声和出错概率，两者应当隔离

5.9.4 寄存器描述

ADC 寄存器的通用名称及功能描述见表 5 – 42。

表 5 – 42　ADC 寄存器

通用名称	描述	访问	复位值[1]	AD0 地址 & 名称
ADCR	A/D 控制寄存器。A/D 转换开始前，必须写入 ADCR 寄存器来选择工作模式	R/W	0x0000 0001	0xE003 4000 AD0CR
ADGDR	A/D 全局数据寄存器。该寄存器包含 ADC 的 DONE 位和最当前 A/D 转换的结果	R/W	NA	0xE003 4004 AD0GDR
ADSTAT	A/D 状态寄存器。该寄存器包括所有 A/D 通道的 DONE 和 OVERRUN 标志，以及 A/D 中断标志	RO	0x0000 0000	0xE003 4030 AD0STAT
ADINTEN	A/D 中断使能寄存器。该寄存器含有使能位，这些使能位允许每个 A/D 通道的 DONE 标志是否产生 A/D 中断	R/W	0x0000 0100	0xE003 400C AD0INTEN
ADDR0	A/D 通道 0 数据寄存器。该寄存器包括在通道 0 完成的最当前的转换结果	RO	NA	0xE003 4010 AD0DR0
ADDR1	A/D 通道 1 数据寄存器。该寄存器包括在通道 1 完成的最当前的转换结果	RO	NA	0xE003 4014 AD0DR1
ADDR2	A/D 通道 2 数据寄存器。该寄存器包括在通道 2 完成的最当前的转换结果	RO	NA	0xE003 4018 AD0DR2
ADDR3	A/D 通道 3 数据寄存器。该寄存器包括在通道 3 完成的最当前的转换结果	RO	NA	0xE003 401C AD0DR3
ADDR4	A/D 通道 4 数据寄存器。该寄存器包括在通道 4 完成的最当前的转换结果	RO	NA	0xE003 4020 AD0DR4
ADDR5	A/D 通道 5 数据寄存器。该寄存器包括在通道 5 完成的最当前的转换结果	RO	NA	0xE003 4024 AD0DR5
ADDR6	A/D 通道 6 数据寄存器。该寄存器包括在通道 6 完成的最当前的转换结果	RO	NA	0xE003 4028 AD0DR6
ADDR7	A/D 通道 7 数据寄存器。该寄存器包括在通道 7 完成的最当前的转换结果	RO	NA	0xE003 402C AD0DR7

注：① 复位值仅指已使用位中保存的数据。它不包括保留位的内容。

1. A/D 控制寄存器（AD0CR – 0xE003 4000）

A/D 控制寄存器（AD0CR – 地址 0xE003 4000）位描述见表 5 – 43。

表 5 – 43　A/D 控制寄存器位描述

位	名称	值	描述	复位值
7：0	SEL		从 AD0.7：0 管脚中选择采样和转换输入脚。对于 AD0，位 0 选择管脚 AD0.0，位 7 选择管脚 AD0.7。软件控制模式下，这些位中只有一位可被置位。硬件扫描模式下，SEL 可包含 1～8 个 1。SEL 为零时等效于为 0x01	0x01
15：8	CLKDIV		将 APB 时钟（PCLK）进行（CLKDIV 的值 + 1）分频得到 A/D 转换时钟，该时钟必须小于或等于 4.5 MHz。典型地，软件将 CLKDIV 编程为最小值来得到 4.5 MHz 或稍低于 4.5 MHz 的时钟，但某些情况下（例如高阻抗模拟电源）可能需要更低的时钟	0
16	BURST	1 0	A/D 转换器以 CLKS 字段选择的速率重复执行转换，并从 SEL 字段中为 1 的位对应的管脚开始扫描。A/D 转换器启动后的第一次转换的是 SEL 字段中为 1 的位中的最低有效位对应的模拟输入，然后是为 1 的更高有效位对应的模拟输入（如果可用）。重复转换通过清零该位终止，但该位被清零时正在进行的转换将会结束。 当 BURST = 1 时 START 位必须为 000，否则不启动转换。转换由软件控制，需要 11 个时钟方能完成	0
19：17	CLKS	000 001 010 011 100 101 110 111	该字段用来选择 BURST 模式下每次转换使用的时钟数和所得 ADDR 转换结果的 RESULT 位中可确保精度的位的数目，CLKS 可在 11 个时钟（10 位）～4 个时钟（3 位）之间选择： 11 个时钟/10 位 10 个时钟/9 位 9 个时钟/8 位 8 个时钟/7 位 7 个时钟/6 位 6 个时钟/5 位 5 个时钟/4 位 4 个时钟/3 位	000
20	–		保留，用户软件不要向其写入 1。从保留位读出的值未被定义	NA
21	PDN	1 0	A/D 转换器处于正常工作模式 A/D 转换器处于掉电模式	0
23：22	–		保留，用户软件不要向其写入 1。从保留位读出的值未被定义	NA

位	名称	值	描述	复位值
26：24	START	000 001 010 011 100 101 110 111	当BURST为0时，这些位控制着A/D转换是否启动和何时启动： 不启动（PDN清零时使用该值） 立即启动转换 位27选择的边沿出现在P0.16/EINT0/MAT0.2脚时启动转换 ADCR寄存器位27选择的边沿出现在P0.22时启动转换 ADCR寄存器位27选择的边沿出现在MAT0.1时启动转换 ADCR寄存器位27选择的边沿出现在MAT0.3时启动转换 ADCR寄存器位27选择的边沿出现在MAT1.0时启动转换 ADCR寄存器位27选择的边沿出现在MAT1.1时启动转换	0
27	EDGE	1 0	该位只有在START字段为010～111时有效。在这些情况下： 在所选CAP/MAT信号的下降沿启动转换 在所选CAP/MAT信号的上升沿启动转换	0
31：28	–		保留，用户软件不要向其写入1。从保留位读出的值未被定义	NA

2. A/D全局数据寄存器（AD0GDR – 0xE003 4004）

A/D全局数据寄存器（AD0GDR – 地址0xE003 4004）位描述见表5-44。

表5-44 A/D全局数据寄存器位描述

位	符号	描述	复位值
5：0	–	保留，用户软件不要向其写入1。从保留位读出的值未被定义	NA
15：6	RESULT	当DONE为1时，该字段包含一个二进制数，用来代表SEL字段选中的AIN脚的电压。该字段根据VDDA脚上的电压（V/VREF）对AIN脚的电压进行划分。该字段为0表明AIN脚的电压小于、等于或接近于VSSA；该字段为0x3FF表明AIN脚的电压接近于、等于或大于VREF	NA
23：16	–	保留，用户软件不要向其写入1。从保留位读出的值未被定义	NA
26：24	CHN	这些位包含的是RESULT位的转换通道（例如，000表示通道0，001表示通道1）	NA
29：27	–	保留，用户软件不要向其写入1。从保留位读出的值未被定义	NA
30	OVERRUN	BURST模式下，如果在转换产生RESULT位的结果前一个或多个转换结果被丢失和覆盖，该位置位。该位通过读ADDR寄存器清零	0
31	DONE	A/D转换结束时该位置位。该位在ADDR被读出和ADCR被写入时清零。如果ADCR在转换过程中被写入，该位置位，启动一次新的转换	0

3. A/D 状态寄存器（ADSTAT，ADC0：AD0CR – 0xE003 4004）

A/D 状态寄存器允许同时检查所有 A/D 通道的状态。每个 A/D 通道的 ADDRn 寄存器中出现的 DONE 和 OVERRUN 标志在 ADSTAT 中反映。中断标志（所有 DONE 标志的逻辑或）也可在 ADSTAT 中找到。

A/D 状态寄存器（ADSTAT，ADC0：AD0STAT – 地址 0xE003 4004 和 ADC1：AD1STAT – 地址 0xE006 0004）位描述见表 5 – 45。

表 5 – 45　A/D 状态寄存器位描述

位	符号	描述	复位值
0	DONE0	该位反映 A/D 通道 0 结果寄存器的 DONE 状态标志	0
1	DONE1	该位反映 A/D 通道 1 结果寄存器的 DONE 状态标志	0
2	DONE2	该位反映 A/D 通道 2 结果寄存器的 DONE 状态标志	0
3	DONE3	该位反映 A/D 通道 3 结果寄存器的 DONE 状态标志	0
4	DONE4	该位反映 A/D 通道 4 结果寄存器的 DONE 状态标志	0
5	DONE5	该位反映 A/D 通道 5 结果寄存器的 DONE 状态标志	0
6	DONE6	该位反映 A/D 通道 6 结果寄存器的 DONE 状态标志	0
7	DONE7	该位反映 A/D 通道 7 结果寄存器的 DONE 状态标志	0
8	OVERRUN0	该位反映 A/D 通道 0 结果寄存器的 OVERRUN 状态标志	0
9	OVERRUN1	该位反映 A/D 通道 1 结果寄存器的 OVERRUN 状态标志	0
10	OVERRUN2	该位反映 A/D 通道 2 结果寄存器的 OVERRUN 状态标志	0
11	OVERRUN3	该位反映 A/D 通道 3 结果寄存器的 OVERRUN 状态标志	0
12	OVERRUN4	该位反映 A/D 通道 4 结果寄存器的 OVERRUN 状态标志	0
13	OVERRUN5	该位反映 A/D 通道 5 结果寄存器的 OVERRUN 状态标志	0
14	OVERRUN6	该位反映 A/D 通道 6 结果寄存器的 OVERRUN 状态标志	0
15	OVERRUN7	该位反映 A/D 通道 7 结果寄存器的 OVERRUN 状态标志	0
16	ADINT	该位是 A/D 中断标志。当任何单个 A/D 通道 DONE 标志有效且通过 ADINTEN 寄存器使能 A/D 中断时，该位为 1	0
31：17		保留，用户软件不要向其写入 1。从保留位读出的值未被定义	NA

4. A/D 中断使能寄存器（ADINTEN，ADC0：AD0INTEN – 0xE003 400C）

该寄存器控制转换结束时产生中断的 A/D 通道。例如，使用一些 A/D 通道来监控检测器（通过在 A/D 通道上继续进行转换来实现）。通过应用程序读最当前的结果（只要它有需要）。此时，在某些 A/D 通道的每个转换的结束不需要中断。

A/D 中断使能寄存器（ADINTEN，ADC0：AD0INTEN – 地址 0xE003 400C）位描述见表 5 – 46。

表5-46 A/D 中断使能寄存器位描述

位	符号	值	描述	复位值
0	ADINTEN0	0 1	ADC 通道 0 上转换的结束将不会产生中断 ADC 通道 0 上转换的结束将产生中断	0
1	ADINTEN0	0 1	ADC 通道 0 上转换的结束将不会产生中断 ADC 通道 0 上转换的结束将产生中断	0
2	ADINTEN0	0 1	ADC 通道 0 上转换的结束将不会产生中断 ADC 通道 0 上转换的结束将产生中断	0
3	ADINTEN0	0 1	ADC 通道 0 上转换的结束将不会产生中断 ADC 通道 0 上转换的结束将产生中断	0
4	ADINTEN0	0 1	ADC 通道 0 上转换的结束将不会产生中断 ADC 通道 0 上转换的结束将产生中断	0
5	ADINTEN0	0 1	ADC 通道 0 上转换的结束将不会产生中断 ADC 通道 0 上转换的结束将产生中断	0
6	ADINTEN0	0 1	ADC 通道 0 上转换的结束将不会产生中断 ADC 通道 0 上转换的结束将产生中断	0
7	ADINTEN0	0 1	ADC 通道 0 上转换的结束将不会产生中断 ADC 通道 0 上转换的结束将产生中断	0
8	ADGINTEN	0 1	只有通过 ADINTEN7：0 使能的单个 ADC 通道将产生中断 仅使能 ADDR 中的全局 DONE 标志来产生中断	1
31：17	-		保留，用户软件不要向其写入 1。从保留位读出的值未被定义	NA

5. A/D 数据寄存器（ADDR0~ ADDR7，ADC0：AD0DR0~AD0DR7-0xE003 4010~ 0xE003 402C）

当 A/D 转换结束时 A/D 数据寄存器保存结果，同时包括表示转换结束和转换溢出发生时的标志。

A/D 数据寄存器（ADDR0~ADDR7，ADC0：AD0DR0~AD0DR7）位描述见表5-47。

表5-47 A/D 数据寄存器位描述

位	符号	描述	复位值
5：0	-	保留，用户软件不要向其写入 1。从保留位读出的值未被定义	NA
15：6	RESULT	当 DONE 为 1 时，该字段包含一个二进制数，表示 AIN 脚的电压，VREF 脚（V/VREF）的电压对 AIN 脚的电压进行划分。该字段为 0 表明 AIN 脚的电压小于、等于或接近于 VSSA；该字段为 0x3FF 表明 AIN 脚的电压接近于 VREF	NA
29：16	-	保留，用户软件不要向其写入 1。从保留位读出的值未被定义	NA

位	符号	描述	复位值
30	OVERRUN	BURST 模式下，如果在转换产生 RESULT 位的结果前一个或多个转换结果被丢失和覆盖，该位置位。该位通过读 ADDR 寄存器清零	NA
31	DONE	A/D 转换结束时该位置位。读这个寄存器时该位清零	NA

5.9.5　A/D 项目实例

采样 1 路电压信号，并将电压值通过串口输出。电路原理图如图 5-21 所示。

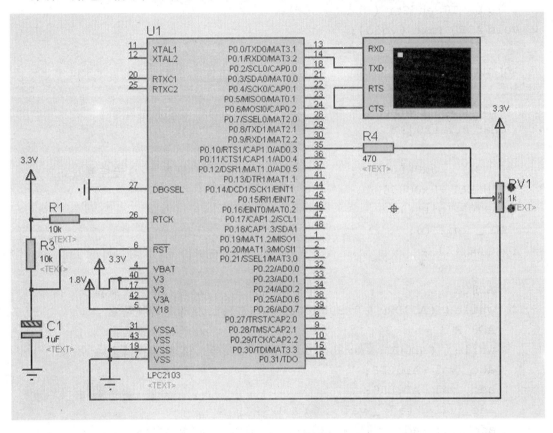

图 5-21　A/D 功能实训

参考程序如下：

```
/* 由于 LPC2106 不带 ADC, 本节程序需添加如下 ADC 特殊寄存器定义 */
#define AD0CR    (* ( (volatile unsigned long *) 0xE0034000))
#define AD0GDR   (* ( (volatile unsigned long *) 0xE0034004))
#define AD0STAT  (* ( (volatile unsigned long *) 0xE0034030))
#define AD0INTEN (* ( (volatile unsigned long *) 0xE003400C))
#define AD0DR0   (* ( (volatile unsigned long *) 0xE0034010))
#define AD0DR1   (* ( (volatile unsigned long *) 0xE0034014))
```

```c
#define AD0DR2      (* ( (volatile unsigned long *) 0xE0034018))
#define AD0DR3      (* ( (volatile unsigned long *) 0xE003401C))
#define AD0DR4      (* ( (volatile unsigned long *) 0xE0034020))
#define AD0DR5      (* ( (volatile unsigned long *) 0xE0034024))
#define AD0DR6      (* ( (volatile unsigned long *) 0xE0034028))
#define AD0DR7      (* ( (volatile unsigned long *) 0xE003402C))

void delay (uint32 dly);
uint8 UART0_ Init (void);
void UART0SendByte (uint8 data);
void UART0SendStr (char *str);
void ADC_ Init (void);

int main (void)
{
  uint32 adc_ val;
  char str [20];

  PINSEL0 =0x00000005;                     //设置 I/O 连接到 UART0
  PINSEL1 =0x00000000;
  UART0_ Init ();
  ADC_ Init ();
  while (1)
   {
    AD0CR | =1 <<24;                        //进行第一次转换
    while ( (AD0DR0 & 0x80000000) ==0);     //等待转换结束
    AD0CR | =1 <<24;                        //再次启动转换
    while ( (AD0GDR & 0x80000000) ==0);     //等待转换结束
    adc_ val =AD0GDR;
    adc_ val =AD0DR0;
    adc_ val = (adc_ val >>6) & 0x3FF;
    adc_ val =adc_ val * 3300;              //数值转换
    adc_ val =adc_ val /1024;               //10 位 A/D 转换，2 的 10 次
                                            //   方级
    str [0]  =adc_ val/1000 +0x30;          //转成字符格式
    str [1]  =adc_ val% 1000 /100 +0x30;
    str [2]  =adc_ val% 100 /10 +0x30;
    str [3]  =adc_ val% 10 +0x30;
    str [4]  ='\ 0';
    UART0SendStr (str);
   }
```

```
}
```

```
/***************************************************
**********************
    * 名称: delay ()
    * 功能: 长软件延时
    /***************************************************
**********************

    void delay (uint32 dly)
    {
      uint32 i;
      for (; dly >0; dly --)
       {
         for (i =0; i <5000; i ++);
       }
    }


    /***************************************************
**********************
    *名称: UART0_ Ini ()
    *功能: 初始化串口 0。设置其工作模式及波特率
    ***************************************************
********************** /
    uint8 UART0_ Init (void)
    {
      uint16 Fdiv;
      /*设置串口波特率* /
      U0 LCR =0x80;        //DLAB 位置 1
      Fdiv = (Fpclk >>4) /9600;
      U0 DLM =Fdiv >>8;
      U0 DLL =Fdiv&0xff;
      U0 LCR =0x03;
      return (1);
    }
    /***************************************************
**********************
    * 名称: UART0 SendByte ()
    * 功能: 向串口发送字节数据, 并等待发送完毕
    ***************************************************
```

```
* * * * * * * * * * * * * * * * * * * * /
    void UART0 SendByte (uint8 data)
    {
     U0 THR = data;       //发送数据
     while ( (U0 LSR&0 x40) == 0 );      //等待数据发送完毕
    }


    /* * * * * * * * * * * * * * * * * * * * * * * * * * * * * * * * * * * * * * * * * * * * *
* * * * * * * * * * * * * * * * * * * * *
    * 名称: UART0 SendStr ()
    * 功能: 向串口发送一字符串
    * * * * * * * * * * * * * * * * * * * * * * * * * * * * * * * * * * * * * * * * * * * * *
* * * * * * * * * * * * * * * * * * * * /
    void UART0 SendStr (char * str)
    {
     while (1)
      {
      if ( * str ==' \ 0' ) break;
      UART0 SendByte ( * str + +);      //发送数据
      }
    }
    /* * * * * * * * * * * * * * * * * * * * * * * * * * * * * * * * * * * * * * * * * * * * *
* * * * * * * * * * * * * * * * * * * * * *
    * 名称: ADC_ Init (void)
    * 功能: ADC 初始化
    * * * * * * * * * * * * * * * * * * * * * * * * * * * * * * * * * * * * * * * * * * * * *
* * * * * * * * * * * * * * * * * * * * /
    void ADC_ Init (void)
    {
     PINSEL1 = PINSEL1 | (1 <<22);      //连接通道 0
     AD0 CR = (1 <<0)  |                //选择通道 0
           (9 <<8)  |      //时钟 10 分频, 即 fclk =11.059MHz 时, A/D 转换时钟
                              为1.1M
           (0 <<16) |      //BURST =0, 软件控制转换
           (0 <<17) |      //CLKS =0, 精度 10 位, 需 11 个时钟
           (1 <<21) |      //PDN =1, 正常方式
           (0 <<22) |      //TEST1: 0 =00; 正常工作模式
           (1 <<24) |      //立即启动转换
           (0 <<27);      //设置边沿模式 (直接启动模式下无效)
    }
```

5.10 实时时钟（RTC）

嵌入式系统通常采用实时时钟（RTC）来提供可靠的系统时间，包括时分秒和年月日等，通过使用后备电池进行供电，系统处于关机状态下也能够正常工作。

5.10.1 特性

RTC 的特性如下：

（1）提供日历和时钟。

（2）超低功耗设计，支持电池供电系统。

（3）提供秒、分、小时、日、月、年和星期。

（4）可编程基准时钟分频器允许调节 RTC 以适应不同的晶振频率。

5.10.2 描述

实时时钟（RTC）提供一套寄存器在系统上电和关闭操作时对时间进行测量。RTC 消耗的功率非常低，这使其适合于由电池供电的、CPU 不连续工作（空闲模式）的系统。

5.10.3 RTC 寄存器描述

RTC 包含了许多寄存器。地址空间按照功能分成 4 个部分。前 8 个地址为混合寄存器组，第二部分的 8 个地址为定时器计数器组，第三部分的 8 个地址为报警寄存器组，最后一部分为基准时钟分频器。

实时时钟模块所包含的寄存器及实时时钟寄存器映射见表 5 – 48。

表 5 – 48　实时时钟寄存器映射

地址	名称	Size	描述	访问	复位值
0xE0024000	ILR	2	中断位置寄存器	R/W	*
0xE0024004	CTC	15	时钟节拍计数器	RO	*
0xE0024008	CCR	4	时钟控制寄存器	R/W	*
0xE002400C	CIIR	8	计数器递增中断寄存器	R/W	*
0xE0024010	AMR	8	报警屏蔽寄存器	R/W	*
0xE0024014	CTIME0	(32)	完整时间寄存器 0	RO	*
0xE0024018	CTIME1	(32)	完整时间寄存器 1	RO	*
0xE002401C	CTIME2	(32)	完整时间寄存器 2	RO	*
0xE0024020	SEC	6	秒寄存器	R/W	*
0xE0024024	MIN	6	分寄存器	R/W	*
0xE0024028	HOUR	5	时寄存器	R/W	*
0xE002402C	DOM	5	日期（月）寄存器	R/W	*

续表

地址	名称	Size	描述	访问	复位值
0xE0024030	DOW	3	日期（星期）寄存器	R/W	*
0xE0024034	DOY	9	日期（年）寄存器	R/W	*
0xE0024038	MONTH	4	月寄存器	R/W	*
0xE002403C	YEAR	12	年寄存器	R/W	*
0xE0024060	ALSEC	6	秒报警值	R/W	*
0xE0024064	ALMIN	6	分报警值	R/W	*
0xE0024068	ALHOUR	5	时报警值	R/W	*
0xE002406C	ALDOM	5	日期（月）报警值	R/W	*
0xE0024070	ALDOW	3	日期（星期）报警值	R/W	*
0xE0024074	ALDOY	9	日期（年）报警值	R/W	*
0xE0024078	ALMON	4	月报警值	R/W	*
0xE002407C	ALYEAR	12	年报警值	R/W	*
0xE0024080	PREINT	13	预分频值，整数部分	R/W	0
0xE0024084	PREINT	15	预分频值，整数部分	R/W	0

＊ RTC 中除预分频器部分之外的其他寄存器都不受器件复位的影响。如果 RTC 使能，这些寄存器必须通过软件来初始化。

1. RTC 中断

中断的产生由中断位置寄存器（ILR）、计数器递增中断寄存器（CIIR）、报警寄存器和报警屏蔽寄存器（AMR）控制。只有转换到中断状态才能产生中断。ILR 单独使能 CIIR 和 AMR 中断。CIIR 中的每个位都对应一个时间计数器。如果 CIIR 使能用于一个特定的计数器，那么该计数器的值每增加一次就产生一个中断。报警寄存器允许用户设定产生中断的数据或时间。AMR 提供一个屏蔽报警比较的机制。如果所有非屏蔽报警寄存器与它们对应的时间计数器的值相匹配，则会产生中断。

2. 混合寄存器组

表 5 - 49 所示为位置 0 到 7 的寄存器。

表 5 - 49　混合寄存器组

地址	名称	规格	描述	访问
0xE0024000	ILR	2	中断位置寄存器	R/W
0xE0024004	CTC	15	时钟节拍计数器	RO
0xE0024008	CCR	4	时钟控制寄存器	R/W
0xE002400C	CIIR	8	计数器增量中断寄存器	R/W
0xE0024010	AMR	8	报警屏蔽寄存器	R/W

地址	名称	规格	描述	访问
0xE0024014	CTIME0	(32)	完整时间寄存器 0	RO
0xE0024018	CTIME1	(32)	完整时间寄存器 1	RO
0xE002401C	CTIME2	(32)	完整时间寄存器 2	RO

（1）中断位置寄存器（ILR－0xE0024000）。

中断位置寄存器为 2 位寄存器，它指定哪些模块产生中断（见表 5－50）。向一个位写入 1 会清除相应的中断，写入 0 无效。这样程序员可以读取该寄存器的值并将读出的值回写到寄存器中清除检测到的中断。

表 5－50　中断位置寄存器

ILR	功能	描述
0	RTCCIF	为 1 时，计数器增量中断模块产生中断。向该位写入 1 清除计数器增量中断
1	RTCALF	为 1 时，报警寄存器产生中断。向该位写入 1 清除报警中断

（2）时钟节拍计数器（CTC－0xE0024004）。

时钟节拍计数器只可读，它可通过时钟控制寄存器 CCR 复位为 0。CTC 包含时钟分频计数器位。

时钟节拍计数器（CTC－0xE0024004）见表 5－51。

表 5－51　时钟节拍计数器

CTC	功能	描述
0	保留	保留，用户软件不要向其写入 1。从保留位读出的值未被定义
15：1	时钟节拍计数器	位于秒计数器之前，CTC 每秒计数 32 768 个时钟。由于 RTC 预分频器的关系，这 32 768 个时间增量的长度可能并不全部相同。详见基准时钟分频器（预分频器）

（3）时钟控制寄存器（CCR－0xE0024008）。

时钟控制寄存器是一个 4 位寄存器，它控制时钟分频电路的操作。

时钟控制寄存器（CCR－0xE0024008）见表 5－52。

表 5－52　时钟控制寄存器

CCR	功能	描述
0	CLKEN	时钟使能当该位为 1 时，时间计数器使能；为 0 时，时间计数器都被禁止，这时可对其进行初始化
1	CTCRST	CTC 复位为 1 时，时钟节拍计数器复位。在 CCR［1］变为 0 之前，它将一直保持复位状态
3：2	CTTEST	测试使能在正常操作中，这些位应当全为 0

（4）计数器增量中断寄存器（CIIR – 0xE002400C）。

计数器增量中断寄存器（CIIR）可使计数器每次增加时产生一次中断。在中断位置寄存器 ILR［0］位写入 1 之前，该中断一直保持有效。

计数器增量中断寄存器（CIIR – 0xE002400C）见表 5 – 53。

表 5 –53 计数器增量中断寄存器

CIIR	功能	描述
0	IMSEC	为 1 时，秒值的增加产生一次中断
1	IMMIN	为 1 时，分值的增加产生一次中断
2	IMHOUR	为 1 时，小时值的增加产生一次中断
3	IMDOM	为 1 时，日期（月）值的增加产生一次中断
4	IMDOW	为 1 时，日期（星期）值的增加产生一次中断
5	IMDOY	为 1 时，日期（年）值的增加产生一次中断
6	IMMON	为 1 时，月值的增加产生一次中断
7	IMYEAR	为 1 时，年值的增加产生一次中断

（5）报警屏蔽寄存器（AMR – 0xE0024010）。

报警屏蔽寄存器（AMR）允许用户屏蔽任意报警寄存器。表 5 – 54 所示为 AMR 与报警寄存器之间的关系。对于报警功能来说，要产生中断，非屏蔽的报警寄存器必须匹配对应的时间计数值。只有当计数器之间的比较第一次从不匹配到匹配时才会产生中断。向中断位置寄存器 ILR 的位写入 1 会清除相应的中断。如果所有屏蔽位都置位，报警将被禁止。

报警屏蔽寄存器（AMR – 0xE0024010）见表 5 – 54。

表 5 –54 报警屏蔽寄存器

AMR	功能	描述
0	AMRSEC	为 1 时，秒值不与报警寄存器比较
1	AMRMIN	为 1 时，分值不与报警寄存器比较
2	AMRHOUR	为 1 时，小时值不与报警寄存器比较
3	AMRDOM	为 1 时，日期（月）值不与报警寄存器比较
4	AMRDOW	为 1 时，日期（星期）值不与报警寄存器比较
5	AMRDOY	为 1 时，日期（年）值不与报警寄存器比较
6	AMRMON	为 1 时，月值不与报警寄存器比较
7	AMRYEAR	为 1 时，年值不与报警寄存器比较

（6）完整时间寄存器。

时间计数器的值可选择以一个完整格式读出，程序员只需执行 3 次读操作即可读出所有的时间计数器值。每个寄存器的最低位分别位于 bit0，bit8，bit16 和 bit24。

完整时间寄存器为只读寄存器。要更新时间计数器的值，必须对时间计数器寻址。

① 完整时间寄存器 0（CTIME0 – 0xE0024014）。完整时间寄存器 0 包含的时间值为：秒、分、小时和星期。完整时间寄存器 0（CTIME0 – 0xE0024014）的描述见表 5 –55。

表 5 – 55 完整时间寄存器 0

CTIME0	功能	描述
31：27	保留	保留，用户软件不要向其写入 1。从保留位读出的值未被定义
26：24	星期	星期值，该值的范围为 0 ~ 6
23：21	保留	保留，用户软件不要向其写入 1。从保留位读出的值未被定义
20：16	小时	小时值，该值的范围为 0 ~ 23
15：14	保留	保留，用户软件不要向其写入 1。从保留位读出的值未被定义
13：8	分	分值，该值的范围为 0 ~ 59
7：6	保留	保留，用户软件不要向其写入 1。从保留位读出的值未被定义
5：0	秒	秒值，该值的范围为 0 ~ 59

② 完整时间寄存器 1 （CTIME1 – 0xE0024018）。完整时间寄存器 1 包含的时间值为：日期（月）、月和年。完整时间寄存器 1 （CTIME1 – 0xE0024018） 的描述见表 5 – 56。

表 5 – 56 完整时间寄存器 1

CTIME1	功能	描述
31：28	保留	保留，用户软件不要向其写入 1。从保留位读出的值未被定义
27：16	年	年值，该值的范围为 0 ~ 4095
15：14	保留	保留，用户软件不要向其写入 1。从保留位读出的值未被定义
13：8	月	月值，该值的范围为 1 ~ 12
7：6	保留	保留，用户软件不要向其写入 1。从保留位读出的值未被定义
5：0	日期（月）	日期（月）值，该值的范围为 1 ~ 28，29，30 或 31（取决于月份以及是否为闰年）

③ 完整时间寄存器 2 （CTIME2 – 0xE002401C）。完整时间寄存器 2 仅包含日期（年）。完整时间寄存器 2 （CTIME2 – 0xE002401C） 的描述见表 5 – 57。

表 5 – 57 完整时间寄存器 2

CTIME2	功能	描述
11：0	日期（年）	日期（年）值，该值的范围为 1 ~ 365（闰年为 366）
31：12	保留	保留，用户软件不要向其写入 1。从保留位读出的值未被定义

（7）时间计数器组。

时间计数器包含 8 个寄存器，见表 5 – 58。表 5 – 58 所示的寄存器可执行读或写操作。

表 5 – 58　时间计数器寄存器

地址	名称	规格	描述	访问
0xE0024020	SEC	6	秒寄存器	R/W
0xE0024024	MIN	6	分寄存器	R/W
0xE0024028	HOUR	5	时寄存器	R/W
0xE002402C	DOM	5	日期（月）寄存器	R/W
0xE0024030	DOW	3	日期（星期）寄存器	R/W
0xE0024034	DOY	9	日期（年）寄存器	R/W
0xE0024038	MONTH	4	月寄存器	R/W
0xE002403C	YEAR	12	年寄存器	R/W

时间计数器的关系和值见表 5 – 59。

表 5 – 59　时间计数器的关系和值

计数器	Size	使能	最小值	最大值
秒	6	CLK1	0	59
分	6	秒	0	59
时	5	分	0	23
日期（月）	5	小时	1	28，29，30 或 31
日期（星期）	3	小时	0	6
日期（年）	9	小时	1	365 或 366
月	4	日期（月）	1	12
年	12	月或日期（年）	0	4 095

时间计数器寄存器闰年计算的方法：

RTC 执行一个简单的位比较，看年计数器的最低两位是否为 0。如果为 0，那么 RTC 认为这一年为闰年。RTC 认为所有能被 4 整除的年份都为闰年。这个算法从 1901 年到 2099 年都是准确的，但在 2100 年出错，2100 年并不是闰年。闰年对 RTC 的影响只是改变 2 月份的长度、日期（月）和年的计数值。

（8）报警寄存器组。

报警寄存器见表 5 – 60。这些寄存器的值与时间计数器相比较，如果所有未屏蔽的报警寄存器都与它们对应的时间计数器相匹配，那么将产生一次中断。向中断位置寄存器 ILR［1］写入 1 清除中断。

表5-60 报警寄存器

地址	名称	规格	描述	访问
0xE0024060	ALSEC	6	秒报警值	R/W
0xE0024064	ALMIN	6	分报警值	R/W
0xE0024068	ALHOUR	5	时报警值	R/W
0xE002406C	ALDOM	5	日期（月）报警值	R/W
0xE0024070	ALDOW	3	日期（星期）报警值	R/W
0xE0024074	ALDOY	9	日期（年）报警值	R/W
0xE0024078	ALMON	4	月报警值	R/W
0xE002407C	ALYEAR	12	年报警值	R/W

RTC 使用注意事项：

由于 RTC 的时钟源为 VPB 时钟（pclk），时钟出现的任何中断都会导致时间值的偏移。

LPC2106/2105/2104 在断电时不能保持 RTC 的状态。如果时钟源丢失、中断或改变，RTC 也无法维持时间计数。芯片的断电将使 RTC 寄存器的内容完全丢失。进入掉电模式会使时间的更新出现误差。在系统操作过程中（重新配置 PLL、VPB 定时器或 RTC 预分频器），改变 RTC 的时间基准会使累加时间出现错误。

3. 基准时钟分频器（预分频器）

基准时钟分频器（在下文中称为预分频器）允许从任何频率高于 65.536 kHz（2×32.768 kHz）的外设时钟源产生一个 32.768 kHz 的基准时钟。这样，不管外设时钟的频率为多少，RTC 总是以正确的速率运行。预分频器通过一个包含整数和小数部分的值对外设时钟（pclk）进行分频。这样就产生了一个不是恒定频率的连续输出。有些时钟周期比其他周期多 1 个 pclk 周期。但是每秒钟的计数总数总是 32 768。

基准时钟分频器包含一个 13 位整数计数器和一个 15 位小数计数器。使用该规格的原因如下：

（1）对于 LPC2106/2105/2104 所支持的频率，13 位整数计数器是必要的。可以这样进行计算：频率 160 MHz 除以 32 768 再减去 1 等于 4 881，余数为 26 624。保存 4 881 需要 13 个位。13 位实际所能支持的最高频率为 268.4 MHz（32 768×8 192）。

（2）余数的最大值为 32 767，需要 15 位来保存。

基准时钟分频寄存器的地址、名称、规格及描述等见表 5-61。

表5-61 基准时钟分频寄存器

地址	名称	规格	描述	访问
0xE0024080	PREINT	13	预分频值，整数部分	R/W
0xE0024084	PREFRAC	15	预分频值，小数部分	R/W

4. 预分频整数寄存器（PREINT-0xE0024080）

预分频值的整数部分计算如下：

PREINT = int（pclk/32768）-1。

PREINT 的值必须大于等于 1。

预分频整数寄存器（PREINT-0xE0024080）的功能描述见表 5-62。

表 5 - 62　预分频整数寄存器

PREINT	功能	描述	复位值
15：13	保留	保留，用户软件不要向其写入 1。从保留位读出的值未被定义	NA
12：0	预分频整数	包含 RTC 预分频值的整数部分	0

5. 预分频小数寄存器（PREFRAC－0xE0024084 ）

预分频值的小数部分计算如下：

$$PREFRAC = pclk - ((PREINT + 1) \times 32768)$$

预分频小数寄存器（PREFRAC－0xE0024084 ）的功能描述见表 5 - 63。

表 5 - 63　预分频小数寄存器

PREFRAC	功能	描述	复位值
15	保留	保留，用户软件不要向其写入 1。从保留位读出的值未被定义	NA
14：0	预分频小数	包含 RTC 预分频值的小数部分	0

5.10.4　RTC 应用实例

本案例将当前日期、时间通过串口输出。原理图如图 5 - 22 所示。

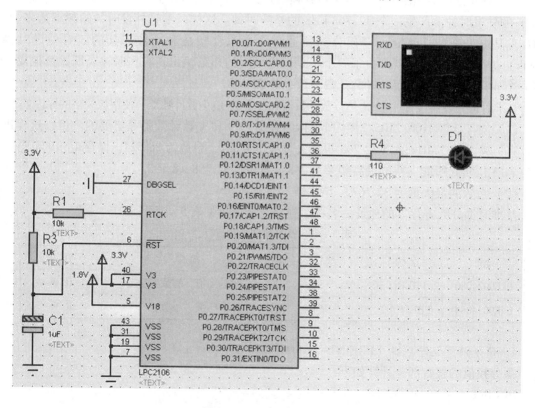

图 5 - 22　RTC 功能实训

```
/ * * * * * * * * * * * * * * * * * * * * * * * * * * * * * * * * * * * * * * * * * * * * * * *
* * * * * * * * * * * * * * * * * * * * * *
    * File: main.c
    * 功能: 运行 RTC 进行计时, LED 灯 1 秒闪一次, 并将 RTC 时间值通过串口向上位机
发送
    * * * * * * * * * * * * * * * * * * * * * * * * * * * * * * * * * * * * * * * * * * * * * *
* * * * * * * * * * * * * * * * * * * * * * /
    #include"config.h"
    #define   LED1CON   0x00000800      /* P0.10 口为 LED1 控制端 * /

    uint8 send_ buf [16];       //UART0 数据接收缓冲区
    /* * * * * * * * * * * * * * * * * * * * * * * * * * * * * * * * * * * * * * * * * * * * * *
* * * * * * * * * * * * * * * * * * * * * *
    * 名称: UART0_ Ini ()
    * 功能: 初始化串口 0。设置其工作模式及波特率
    * 入口参数: baud 波特率
    *            set 模式设置 (UARTMODE 数据结构)
    * 出口参数: 返回值为 1 时表示初始化成功, 为 0 时表示参数出错
    * * * * * * * * * * * * * * * * * * * * * * * * * * * * * * * * * * * * * * * * * * * * * *
* * * * * * * * * * * * * * * * * * * * * * /
    uint8 UART0_ Ini (uint32 baud)
    {
      uint32 bak;
      /* 设置串口波特率 * /
      U0 LCR = 0x80;       //DLAB 位置 1
      bak = (Fpclk >>4) /baud;
      U0 DLM = bak >>8;
      U0 DLL = bak&0xff;
      U0 LCR = 0x03;
      return (1);
    }


    /* * * * * * * * * * * * * * * * * * * * * * * * * * * * * * * * * * * * * * * * * * * * * *
* * * * * * * * * * * * * * * * * * * * * *
    * 名称: SendByte ()
    * 功能: 向串口发送字节数据, 并等待发送完毕
    * * * * * * * * * * * * * * * * * * * * * * * * * * * * * * * * * * * * * * * * * * * * * *
* * * * * * * * * * * * * * * * * * * * * * /
```

```
void SendByte (uint8 data)
{
  U0THR = data;                        //发送数据
  while ((U0LSR&0x20) = =0);    //等待数据发送
}


/******************************************************************
**********************
  *名称: ISendBuf ()
  *功能: 将缓冲区的数据发送回主机
  *入口参数: buf 数据缓冲区
  *          no 发送数据的个数
  *出口参数: 无
  ******************************************************************
********************** /
void ISendBuf (uint8 const *buf, uint8 no)
{
  uint8 i;
  for (i =0; i <no; i ++) SendByte (buf [i]);
}


/******************************************************************
**********************
  *名称: SendTimeRtc ()
  *功能: 读取 RTC 的时间值, 并将读出的时分秒值由串口发送到上位机显示
  ******************************************************************
********************** /
void SendTimeRtc (void)
{
  uint8 const MESSAGE [] ="RTC Time is: ";
  uint8 time_ send_ buf [16];
  uint8 date_ send_ buf [16];
  uint32 date, times;
  uint16 bak;
  times = CTIME0;                  //读取完整时钟寄存器 0, 即 (计算时分秒)
  date = CTIME1;                   //读取完整时钟寄存器 1, 即 (计算年月日)
  bak = (times > >16) &0x1F;  //取得时的值
  time_ send_ buf [0] =bak/10 +'0';
```

```
        time_ send_ buf [1] = bak% 10 +'0';
        time_ send_ buf [2] = ':';
        bak = (times > >8) &0x3 F;        //取得分的值
        time_ send_ buf [3] = bak/10 +'0';
        time_ send_ buf [4] = bak% 10 +'0';
        time_ send_ buf [5] = ':';
        bak = times&0x3 F;                //取得秒的值
        time_ send_ buf [6] = bak/10 +'0';
        time_ send_ buf [7] = bak% 10 +'0';
        time_ send_ buf [8] = '\ n';
        bak = (date > >16) &0xfff;        //取得年值
        date_ send_ buf [0] = bak/1000 +0x30;
        date_ send_ buf [1] = bak% 1000 /100 +0x30;
        date_ send_ buf [2] = bak% 100 /10 +0x30;
        date_ send_ buf [3] = bak% 10 +0x30;
        date_ send_ buf [4] = '-';
        bak = (date > >8) &0x3 f;         //取得月值
        date_ send_ buf [5] = bak/10 +0x30;
        date_ send_ buf [6] = bak% 10 +0x30;
        date_ send_ buf [7] = '-';
        bak = date&0x3 f;                 //取得日值
        date_ send_ buf [8] = bak/10 +0x30;
        date_ send_ buf [9] = bak% 10 +0x30;
        date_ send_ buf [10] = ' ';
        date_ send_ buf [11] = ' ';
        ISendBuf (MESSAGE, 15);          //发送信息头
        ISendBuf (date_ send_ buf, 12); //发送日期
        ISendBuf (time_ send_ buf, 9);  //发送时间
    }
    /*************************************************************
**********************
    * 名称: RTCIni ()
    * 功能: 初始化实时时钟
    *************************************************************
********************** /
    void RTCIni (void)
    {
      PREINT = Fpclk /32768 -1;        //设置预分频器
```

```
        PREFRAC = Fpclk - (Fpclk/32768) *32768;
        YEAR = 2012;                    //初始化年
        MONTH = 1;                      //初始化月
        DOM = 5;                        //初始化日
        HOUR = 8;
        MIN = 0;
        SEC = 0;
        CIIR = 0x01;                    //设置秒值的增量产生一次中断
        CCR = 0x01;                     //启动 RTC
    }

    /*************************************************************
***********************
    *名称:main ()
    *功能:读取实时时钟的值,并从串口发送出去
    *************************************************************
********************** /
    int main (void)
    {
        PINSEL0 = 0x00000005;      //设置 I/O 连接到 UART0
        PINSEL1 = 0x00000000;
        IODIR = LED1CON;           //设置 LED1 控制口为输出,其他 I/O 为输入
        UART0_ Ini (9600);         //初始化串口模式
        U0FCR = 0x01;              //使能 FIFO
        RTCIni ();                 //初始化 RTC
        while (1)
        { IOSET = LED1CON;         //熄灭 LED
        while (0 = = (ILR&0x01));//等待 RTC 增量中断标志位

        ILR = 0x01;                //清除中断标志位
        IOCLR = LED1CON;           //点亮 LED
        SendTimeRtc ();            //读取时钟值,并向 UART0 发送
        while (0 = = (ILR&0x01));
        ILR = 0x01;
        SendTimeRtc ();            //读取时钟值,并向 UART0 发送
    }
    return (0);
}
```

5.11 SPI 接口

5.11.1 SPI 简介

SPI 是一种全双工的同步串行接口，一个 SPI 总线可以连接多个主机和多个从机。在同一时刻只允许一个主机操作总线，并且同时只能和一个从机通信。

串行时钟由主机产生，当主机发送一字节数据（通过 MOSI）的同时，从机返回一字节数据（通过 MISO）。

大部分 LPC2000 系列微控制器具有两个硬件 SPI 接口（LPC2104/LPC2105/LPC2106 只有一个），它们具有如下特性：

(1) 完全独立的 SPI 控制器。

(2) 遵循同步串行接口（SPI）规范。

(3) 全双工数据通信。

(4) 可配置为 SPI 主机或从机。

(5) 最大数据位速率为外设时钟 Fpclk 的 1/8。

5.11.2 SPI 描述

1. SPI 电气连接

使用 SPI 通信需要 4 个引脚，如表 5-64 所示。SPI 总线配置如图 5-23 所示。

表 5-64 SPI 引脚

引脚名称	类型	描述
SCK	输入/输出	串行时钟，用于同步 SPI 接口间数据传输的时钟信号。该时钟信号总是由主机输出
SSEL	输入	从机选择，SPI 从机选择信号是一个低有效信号，用于指示被选择参与数据传输的从机。每个从机都有各自特定的从机选择输入信号
MISO	输入/输出	主入从出，MISO 信号是一个单向的信号，它将数据由从机传输到主机
MOSI	输入/输出	主出从入，MOSI 信号是一个单向的信号，它将数据从主机传输到从机

作 SPI 主机时，SSEL 要接上拉电阻。

2. SPI 传输时序

SPI 传输时序如图 5-24 所示。

3. SPI 工作模式

LPC2000 在 SPI 通信中可作为从机也可以作为主机，这取决于硬件设计和软件设置。

当器件作为主机时，使用一个 I/O 引脚拉低相应从机的选择引脚（SSEL），传输的起始由主机发送数据来启动，时钟（SCK）信号由主机产生。通过 MOSI 发送数据，同时通过 MISO 引脚接收从机发出的数据。

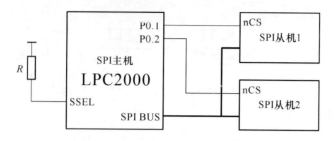

图 5 - 23　SPI 总线配置

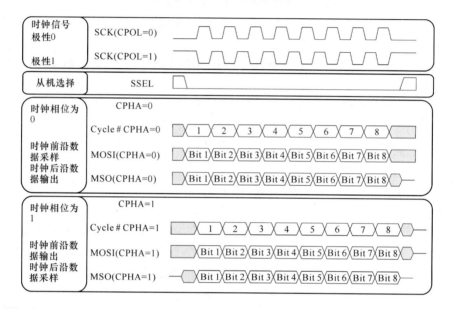

图 5 - 24　SPI 传输时序

当器件作为从机时，传输在从机选择引脚（SSEL）被主机拉低后开始，接收主机输出的时钟信号，在读取主机数据的同时通过 MISO 引脚输出数据。

SPI 接口内部结构如图 5 - 25 所示。

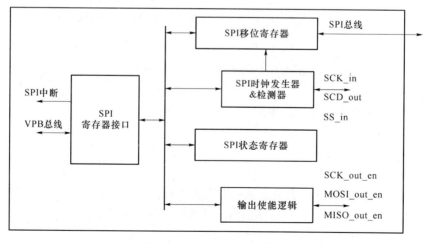

图 5 - 25　SPI 接口内部结构

5.11.3 SPI 寄存器描述

1. SPI 寄存器描述

SPI 寄存器描述见表 5 – 65。

表 5 – 65　SPI 寄存器

名称	描述	访问	复位值	SPI0 名称	SPI1 名称
SPCR	SPI 控制寄存器。该寄存器控制 SPI 的操作模式	读/写	0	S0SPCR	S1SPCR
SPSR	SPI 状态寄存器。该寄存器显示 SPI 的状态	只读	0	S0SPSR	S1SPSR
SPDR	SPI 数据寄存器。该双向寄存器为 SPI 提供发送和接收的数据。发送数据通过写该寄存器提供。SPI 接收的数据可以从该寄存器读出	读/写	0	S0SPDR	S1SPDR
SPCCR	SPI 时钟计数寄存器。该寄存器控制主机 SCK 的频率	读/写	0	S0SPCCR	S0SPCCR
SPINT	SPI 中断标志寄存器。该寄存器包含 SPI 接口的中断标志	读/写	0	S0SPINT	S0SPINT

2. SPI 控制寄存器

SPI 控制寄存器见表 5 – 66。

表 5 – 66　SPI 控制寄存器

位	7	6	5	4	3	2：0
功能	SPIE	LSBF	MSTR	CPOL	CPHA	保留

SPCR 寄存器包含一些可编程位来控制 SPI 功能模块的功能，该寄存器必须在数据传输之前进行设定。

CPHA：时钟相位控制（见图 5 – 26）。该位决定 SPI 传输时数据和时钟的关系，并控制从机传输的起始和结束。当该位为：

1：时钟前沿数据输出，后沿数据采样；

0：时钟前沿数据采样，后沿数据输出。

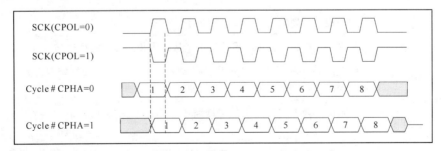

图 5 – 26　CPHA 时钟相位控制

CPOL：时钟极性控制（见图 5 – 27）。

1：SCK 为低有效；

0：SCK 为高有效。

MSTR：主模式控制。

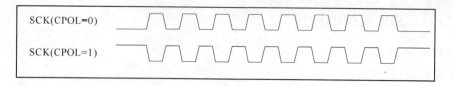

图5-27　CPOL 时钟极性控制

1：SPI 处于主模式；

0：SPI 处于从模式。

LSBF：字节移动方向控制（见图5-28）。

1：每字节数据从低位（LSB）开始传输；

0：每字节数据从高位（MSB）开始传输。

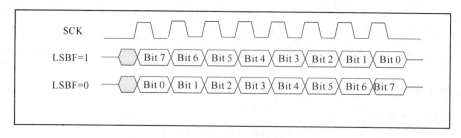

图5-28　LSBF 字节移动方向控制

SPIE：SPI 中断使能。

1：每次 SPIF 或 MODF 置位时都会产生硬件中断；

0：SPI 中断被禁止。

3. SPI 状态寄存器

SPSR 寄存器为只读寄存器，用于监视 SPI 功能模块的状态，包括一般性功能和异常状况（见表5-67）。

表5-67　SPI 状态寄存器

SPSR	功能	描述	复位值
2：0	保留	用户程序不要向这些保留位写入1	NA
3	ABRT	从机中止标志。为1时表示发生了从机中止。读取该位清零	0
4	MODF	模式错误。为1时表示发生了模式错误。先通过读取该寄存器清零 MODF 位，再写 SPI 控制寄存器	0
5	ROVR	读溢出。为1时表示发生了读溢出。当读取该寄存器时，该位清零	0
6	WCOL	写冲突。为1时表示发生了写冲突。先通过读取该寄存器清零 WCOL 位，再访问 SPI 数据寄存器	0
7	SPIF	SPI 传输完成标志。为1时表示一次 SPI 数据传输完成。当第一次读取该寄存器时，该位清零。然后才能访问 SPI 数据寄存器　注：SPIF 不是 SPI 中断标志。中断标志位于 SPINT 寄存器中	0

- 读溢出：当 SPI 功能模块内部读缓冲区包含没有读出的数据，而新的传输已经完成，就会发生读溢出。如果 SPIF 位置位（读缓冲区已满），新接收到的数据将会丢失，而状态寄存器的读溢出（ROVR）位将置位。

- 写冲突：在 SPI 数据传输过程中不应向 SPI 数据寄存器写入数据。不能向 SPI 数据寄存器写入数据的时间从传输启动时开始，直到 SPIF 置位时读取状态寄存器为止。如果在这段时间内写 SPI 数据寄存器，写入的数据将会丢失，状态寄存器中的写冲突位（WCOL）置位。

- 模式错误：SSEL 信号在 SPI 功能模块为主机时必须无效，不能用作 GPIO。当 SPI 功能模块为主机时，如果 SSEL 信号被激活（将 SSEL 变为低电平），表示有另外一个主机将该器件选择为从机。这种状态称为模式错误。

- 从机中止：如果 SSEL 信号在传输结束之前变为高电平，从传输将被认为中止。此时，正在处理的发送或接收数据都将丢失，状态寄存器的从机中止（ABRT）位置位。

4. SPI 数据寄存器

SPDR 寄存器为 SPI 提供数据的发送和接收。处于主模式时，向该寄存器写入数据，将启动 SPI 数据传输。从数据传输开始到 SPIF 状态位置位并且没有读取状态寄存器的这段时间内不能对该寄存器执行写操作。SPDR 寄存器的描述见表 5 - 68。

表 5 - 68　SPDR 寄存器

SPDR	功能	描述	复位值
7：0	数据	SPI 双向数据	0

5. SPI 时钟计数寄存器

作为主机时，SPCCR 寄存器控制 SCK 的频率。寄存器的值为一位 SCK 时钟所占用的 pclk 周期数。该寄存器的值必须为偶数，并且必须不小于 8。如果寄存器的值不符合以上条件，可能会导致产生不可预测的动作。SPI 时钟计数寄存器的描述见表 5 - 69。

SPI 速率 = Fpclk／SPCCR

表 5 - 69　SPI 时钟计数寄存器

SPCCR	功能	描述	复位值
7：0	计数值	设定 SPI 时钟计数值	0

6. SPI 中断寄存器

该寄存器包含 SPI 接口的中断标志。SPI 中断寄存器的描述见表 5 - 70。

表 5 - 70　SPI 中断寄存器

SPCCR	功能	描述	复位值
0	SPI 中断	SPI 中断标志。向该位写入 1 清零 注：当 SPIE 位置 1，并且 SPIF 和 WCOL 位中至少有一位为 1 时，该位置位。但是只有当 SPI 中断位置位并且 SPI 中断在 VIC 中被使能，SPI 中断才能有中断处理、软件处理功能	0
7：1	保留	用户程序不要向这些位写入 1	NA

5.11.4 SPI 应用示例

使用 SPI 接口的注意要点如下：

（1）作主机时，SSEL 引脚必须接上拉电阻，不能作为 I/O 口使用。

（2）作主机时，在发送一字节数据的同时接收一字节数据。

（3）SPI 时钟分频值必须大于或等于 8。

（4）数据寄存器与内部移位寄存器之间没有缓冲区，写 SPDR 会使数据直接进入移位寄存器。因此数据只能在上一次数据发送完成后写入 SPDR 寄存器。

实例一：使用 SPI 协议，利用 ARM 控制数码显示管显示 1 ~ F。

SPI Proteus 仿真电路图如图 5 – 29 所示。

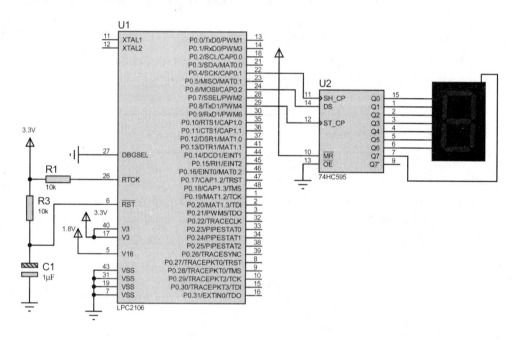

图 5 – 29 SPI Proteus 仿真电路图

主程序：

```
/*****************************************************
********************
*File：Main.c
*功能：LED 数码管显示 0 ~ F 字符，同时控制 4 个 LED 显示对应的十六进制
*****************************************************
********************/
#include "config.h"
#define  HC595_ CS  0x00000100    /*P0.8 口为 74HC595 的片选 */
/*****************************************************
********************
```

```
    *名称: DelayNS ()
    *功能: 长软件延时
    ********************************************************
********************* /
    void DelayNS (uint32 dly)
    {
      uint32  i;
      for (; dly > 0; dly --)
        for (i = 0; i < 50000; i ++);
    }
    /*******************************************************
*********************
    *名称: MSpiIni ()
    *功能: 初始化 SPI 接口, 设置为主机
    ********************************************************
******************* /
    void MSpiIni (void)
    {
      SPI_ SPCCR = 0x52;        //设置 SPI 时钟分频
      SPI_ SPCR = 0x30;         // 设置 SPI 接口模式, MSTR = 1, CPOL = 1, CPHA = 0,
                                    LSBF = 0
    }
    /*******************************************************
********************
    *名称: MSendData ()
    *功能: 向 SPI 总线发送数据
    ********************************************************
******************* /
    uint8 MSendData (uint8 data)
    {
      IOCLR = HC595_ CS;        //片选
      SPI_ SPDR = data;
      while (0 == (SPI_ SPSR&0x80));        //等待 SPIF 置位, 即等待数据发送
                                             完毕
      IOSET = HC595_ CS;
      return (SPI_ SPDR);
    }
    /*此表为 0 ~ F 的字模 */
    uint8 const DISP _ TAB [16] = {0xC0, 0xF9, 0xA4, 0xB0, 0x99,
```

0x92，0x82，0xF8，0x80，0x90，0x88，0x83，0xC6，0xA1，0x86，0x8E｝；

```
/*****************************************************
 *名称：main（）
 *功能：使用硬件 SPI 接口输出 0～F 的数据，控制 LED 显示
 *****************************************************/
int main（void）
{
  uint8 rcv_ data；
  uint8 i；

  PINSEL0 =0x00005500；    //设置 SPI 引脚连接
  PINSEL1 =0x00000000；

  IODIR =HC595_ CS；
  MSpiIni（）；    //初始化 SPI 接口
  while（1）
   {
   for（i =0；i <16；i ++）
    {
    rcv_ data =MSendData（DISP_ TAB [i]）；    //发送显示数据
    DelayNS（50）；    //延时
    }
   }
  return（0）；
}
```

5.12　I^2C 接口

5.12.1　I^2C 简介

I^2C 接口是 Philips 推出的一种串行总线方式，用于 IC 器件之间的通信。它通过 SDA（串行数据线）和 SCL（串行时钟线）两根线在连到总线上的器件之间传送信息，并通过软件寻址识别每个器件，而不需要片选线。

I^2C 接口的标准传输速率为 100 kbit/s，最高传输速率可达 400 kbit/s。

LPC2000 系列微控制器具有一到两个标准的 I^2C 接口，它具有如下特性：

（1）可配置为主机、从机或主/从机。

（2）可编程时钟可实现通信速率控制。

（3）主机、从机之间双向数据传输。

（4）在同时发送的主机之间进行仲裁，避免了总线数据的冲突。

5.12.2 I²C 描述

1. I²C 电气连接

I²C 总线接口均为开漏或开集电极输出，因此需要为总线增加上拉电阻 Rp。I²C 应用电路如图 5-30 所示。

总线速率越高，总线上拉电阻就越小，100 kbit/s 总线速率，通常使用 5.1 kΩ 的上拉电阻。

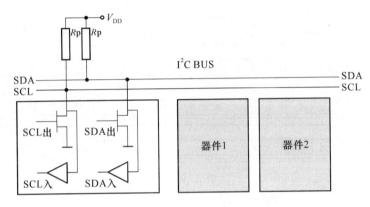

图 5-30　I²C 应用电路图

2. I²C 总线时序

在数据传送过程中，必须确认数据传送的开始和结束，这通过起始和结束信号识别。I²C 总线时序如图 5-31 所示。

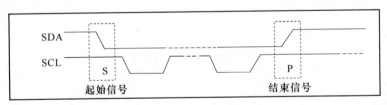

图 5-31　I²C 总线时序

发送起始信号后传送的第一字节数据具有特别的意义，其中前 7 位为从机地址，最后一位为读写方向位（0 表示写，1 表示读）。I²C 第一字节数据如图 5-32 所示。

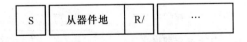

图 5-32　I²C 第一字节数据

I²C 总线数据传送时，每传送一个字节数据后都必须有应答信号（A）。主控器接收数据时，如果要结束通信时，将在停止位之前发送非应答信号（$\overline{A}$）。I²C 应答、非应答信号如图 5-33 所示。

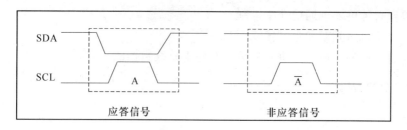

图 5 - 33 I^2C 应答、非应答信号

LPC2000 在 I^2C 通信中可以配置为主控器也可以作为被控器，那么它就具有 4 种操作模式：主发送模式、主接收模式、从发送模式和从接收模式。如图 5 - 34 所示。

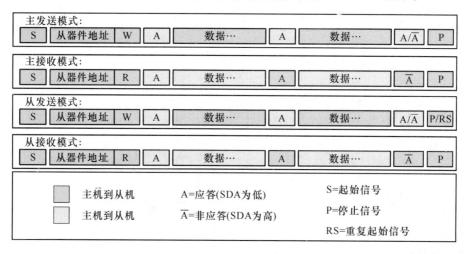

图 5 - 34 I^2C 发送模式

5.12.3 寄存器描述

I^2C 接口包含 7 个寄存器，见表 5 - 71。

表 5 - 71 I^2C 寄存器描述

名称	描述	访问	复位值	地址
$I^2CONSET$	I^2C 控制置位寄存器	读/置位	0	0xE001C000
I^2STAT	I^2C 状态寄存器	只读	0xF8	0xE001C004
I^2DAT	I^2C 数据寄存器	读/写	0	0xE001C008
I^2ADR	I^2C 从地址寄存器	读/写	0	0xE001C00C
I^2SCLH	SCL 占空比寄存器高半字	读/写	0x04	0xE001C010
I^2SCLL	SCL 占空比寄存器低半字	读/写	0x04	0xE001C014
$I^2CONCLR$	I^2C 控制清零寄存器	只清零	NA	0xE001C018

1. I^2C 控制置位寄存器

$I^2CONSET$ 寄存器用于置位 I^2C 通信的相关标志位，该寄存器只能对某位置位，而不能清零，

清零通过 $I^2CONCLR$ 寄存器完成。I^2C 控制置位寄存器的描述见表 5-72，其位定义见表 5-73。

表 5-72　I^2C 控制置位寄存器

位	功能	描述	复位值
1:0	保留	用户程序不要向这些位写入 1	NA
2	AA	应答标志	0
3	SI	I^2C 中断标志	0
4	STO	停止标志	0
5	STA	起始标志	0
6	I^2EN	I^2C 接口使能	0
7	保留	用户程序不要向该位写入 1	NA

表 5-73　I^2C 控制置位寄存器定义

位	7	6	5	4	3	2	1:0
功能	保留	I^2EN	STA	STO	SI	AA	保留

（1）AA：为声明应答标志。

当该位置位时，在 SCL 线的应答时钟脉冲内，出现下面的任意条件之一将产生一个应答信号（SDA 线为低电平）：

- 接收到从地址寄存器中的地址。
- 当 I^2ADR 中的通用调用位（GC）置位时，接收到通用调用地址。
- 当 I^2C 接口处于主接收模式时，接收到一个数据字节。
- 当 I^2C 接口处于可寻址的从接收模式时，接收到一个数据字节。

向 $I^2CONCLR$ 寄存器中的 AAC 位写入 1 会使 AA 位清零。当 AA 为零时，在 SCL 线的应答时钟脉冲内，出现下列情况将返回一个非应答信号（SDA 线为高电平）：

- 当 I^2C 接口处于主接收模式时，接收到一个数据字节。
- 当 I^2C 接口处于可寻址的从接收模式时，接收到一个数据字节。

（2）SI：为 I^2C 中断标志。

当进入 25 种可能的 I^2C 状态中的任何一个后，该位置位。通常，I^2C 中断只在空闲的从器件中用于指示一个起始条件，或在一个空闲的主器件（如果它等待使用 I^2C 总线）中指示一个停止条件。向 $I^2CONCLR$ 寄存器中的 SIC 位写入 1 使 SI 位清零。

（3）STO：为停止标志。

当 STO 为 1 时，在主模式中，向 I^2C 总线发送一个停止条件或在从模式中使总线从错误状态中恢复。当总线检测到停止条件时，STO 自动清零。

在从模式中，置位 STO 位可从错误状态中恢复。这种情况下不向总线发送停止条件。硬件的表现就好像是接收到一个停止条件并切换到不可寻址的从接收模式。STO 标志由硬件自动清零。

（4）STA：为起始标志。

当 STA = 1 时，I^2C 接口进入主模式并发送一个起始条件，如果已经处于主模式，则发送一个重复起始条件。

STA 可在任何时候置位，当 I^2C 接口处于可寻址的从模式时，STA 也可以置位。

（5） I^2EN：为 I^2C 接口使能。

当该位置位时，使能 I^2C 接口。向 $I^2CONCLR$ 寄存器中的 I^2ENC 位写入 1 将使 I^2EN 位清零。当 I^2EN 位为 0 时，I^2C 功能被禁止。

2. I^2C 控制清零寄存器

$I^2CONCLR$ 寄存器与 $I^2CONSET$ 寄存器的功能相反，它用于清零 I^2C 通信的相关标志位，该寄存器只能对某位清零，而不能置位。I^2C 控制清零寄存器的描述见表 5 – 74。

表 5 – 74　I^2C 控制清零寄存器

位	功能	描述	复位值
1：0	保留	用户程序不要向这些位写入 1	NA
2	AA	应答标志	NA
3	SI	I^2C 中断标志	NA
4	STO	停止标志	NA
5	STA	起始标志	NA
6	I^2EN	I^2C 接口使能	NA
7	保留	用户程序不要向该位写入 1	NA

3. I^2C 状态寄存器

I^2STAT 寄存器包含了 I^2C 接口的状态代码，它是一个只读寄存器。一共有 26 种可能存在的状态代码。当代码为 0xF8 时，无可用的相关信息，SI 位不会置位。所有其他 25 种状态代码都对应一个已定义的 I^2C 状态。当进入其中一种状态时，SI 位将置位。

I^2C 处理程序就是根据该寄存器反映的状态来进行相应的处理。I^2C 状态寄存器的描述见表 5 – 75。

表 5 – 75　I^2C 状态寄存器

位	功能	描述	复位值
2：0	状态	这 3 个位总是为 0	0
7：3	状态	状态位	1

4. I^2C 数据寄存器

I^2DAT 寄存器包含要发送或刚接收的数据。当它没有处理字节的移位时，CPU 可对其进行读写。该寄存器只能在 SI 置位时访问。在 SI 置位期间，I^2DAT 中的数据保持稳定。I^2DAT 中的数据移位总是从右至左进行：第一个发送的位是 MSB（位 7），在接收字节时，第一个接收到的位存放在 I^2DAT 的 MSB。

I^2C 数据寄存器的描述见表 5 – 76。

表 5 – 76　I²C 数据寄存器

位	功能	描述	复位值
7：0	数据	发送/接收数据位	0

5. I²C 从地址寄存器

I²ADR 寄存器只能在 I²C 设置为从模式时才能使用。在主模式中，该寄存器无效。I²ADR 的 LSB 为通用调用位。当该位置位时，通用调用位（0x00）被识别（即可以对广播地址 0x00 做出响应）。I²C 从地址寄存器的描述见表 5 – 77。

表 5 – 77　I²C 从地址寄存器

位	功能	描述	复位值
0	GC	通用调用位	0
7：1	地址	从模式地址	0

6. I²C 占空比寄存器

I²SCLH、I²SCLL 寄存器用于控制 I²C 通信的波特率。其中 I²SCLH 定义 SCL 高电平所保持的 pclk 周期数，而 I²SCLL 定义 SCL 低电平所保持的 pclk 周期数。那么位频率（即总线速率）由下面的公式得出：

位频率 = Fpclk／（I²SCLH + I²SCLL）

I²C 占空比寄存器的描述见表 5 – 78，其 I²SCLL 与 I²SCLH 信号如图 5 – 35 所示。

表 5 – 78　I²C 占空比寄存器

寄存器	功能	描述	复位值
I²SCLH	计数值	SCL 高电平周期占用 pclk 周期数	0x04
I²SCLL	计数值	SCL 低电平周期占用 pclk 周期数	0x04

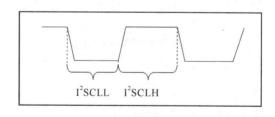

图 5 – 35　I²C 占空比寄存器

5.12.4　I²C 应用示例

使用 I²C 接口的注意要点如下：

（1）I²C 接口的引脚为开漏输出，必须在 I²C 总线上接上拉电阻。通信速率越快，电阻值越小。

（2）总线上各器件的地址不能冲突。

（3）编程时需要仔细处理每个状态，注意各状态之间的转移关系。

实例一：使用 I²C 对 EEPROM：24C02 进行读写操作，并比较读出和写入的数据，通过 LED 指示读写的正解与否。

I²C Proteus 仿真电路如图 5-36 所示。

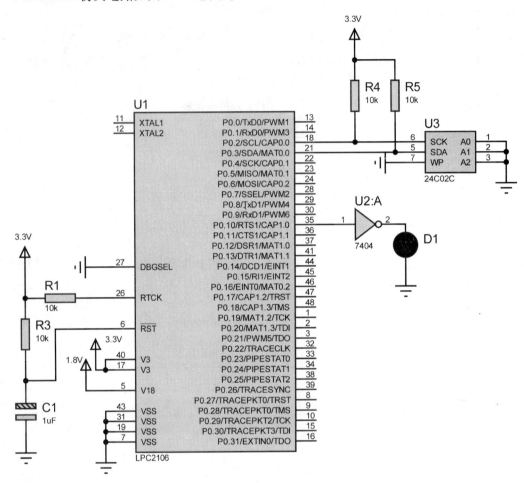

图 5-36　I²C Proteus 仿真电路

主程序：

```
#include  "config.h"
#define CAT24WC02 0xA0    /*定义器件地址*/
#define LED1CON 0x00000400    /*P0.10 引脚控制 LED1, 低电平点亮*/
/*以下为 I²C 操作时所需要的变量, 在调用 I²C 子程序前要设置好这些变量*/
volatile uint8 I2C_ sla;       //从机地址
volatile uint8 I2C_ suba;      //子地址
volatile uint8 *I2C_ buf;      //数据缓冲区指针 (读操作时会被更改)
volatile uint8 I2C_ num;       //操作数据个数
volatile uint8 I2C_ end;       //操作结束标志, 为 1 时表示操作结束, 0xFF 表
                                 示操作失败
```

```
    volatile uint8 I2C_ suba_ en;    //子地址使能控制,读操作设置为1,写操作设置为2


/**************************************************
**********************
    *名称: IRQ_ I2C ()
    *功能: I²C 中断, 通过判断 I²C 状态字进行相应的操作
    **************************************************
**********************/
    void _ irq IRQ_ I2C (void)
    {
    uint8 sta;
    sta = I2STAT;                              //读出 I²C 状态字
    switch (sta)
     {
      case 0x08:                               //已发送起始条件
      if (1 == I2C_ suba_ en) I2DAT = I2C_ sla&0xFE;    //指定子地址读时, 先写入
                                                          地址
      else I2DAT = I2C_ sla;               //否则直接发送从机地址
      I2CONCLR = 0x28;                     //SI = 0
      break;


      case 0x10:
      I2DAT = I2C_ sla;                    //重新启动总线后, 发送从机地址
      I2CONCLR = 0x28;                     //SI = 0
      break;
      case 0x18:                           //已发送 SLA +W, 并已接收应答
      if (0 == I2C_ suba_ en)              //无子地址, 则直接发送数据
       {
          if (I2C_ num > 0)
           {
           I2DAT = * I2C_ buf ++;
           I2CONCLR = 0x28;
           I2C_ num -- ;
           }
        else
           {
              I2CONSET = 0x10;             //无数据发送, 结束总线
              I2CONCLR = 0x28;
```

```
            I2C_ end =1 ;                    //设置总线操作结束标志
        }
    break;
    }
    if (1 == I2C_ suba_ en)                //发送子地址
        {
        I2DAT = I2C_ suba;
        I2CONCLR = 0x28;
        }
    if (2 == I2C_ suba_ en)             //发送子地址
        {
        I2DAT = I2C_ suba;
        I2CONCLR = 0x28;
        I2C_ suba_ en =0;              //子地址已处理
        }
    break;
case 0x28:                             //已发送 I²C 数据，并接收到应答
    if (0 == I2C_ suba_ en)            //无子地址，则直接发送数据
     {
        if (I2C_ num >0)
         {
         I2DAT = * I2C_ buf ++;
         I2CONCLR = 0x28;
         I2C_ num -- ;
        }
    else
        {
        I2CONSET = 0x10;              //无数据发送，结束总线
        I2CONCLR = 0x28;
        I2C_ end =1;
        }
    break;
    }
    if (1 == I2C_ suba_ en)              //若是指定地址读，则重新启动总线
        {
        I2CONSET = 0x20;
        I2CONCLR = 0x18;
        I2C_ suba_ en =0;              //子地址已处理
        }
```

```
            break;

case 0x20:
case 0x30:
case 0x38:
    I2CONCLR = 0x28;                    //总线进入不可寻址从模式
    I2C_ end = 0xFF;                    //总线出错, 设置标志
    break;
case 0x40:                             //已发送 SLA + R, 并已接收到应答
    if (1 == I2C_ num)                 //最后一字节, 接收数据后发送非应答信号
        {
            I2CONCLR = 0x2C;           //AA = 0, 接收到数据后产生非应答
        }
    else                               //接收数据并发送应答信号
        {
            I2CONSET = 0x04;           //AA = 1, 接收到数据后产生应答
            I2CONCLR = 0x28;
        }
    break;
case 0x50:
    * I2C_ buf ++ = I2DAT;             //读取数据
    I2C_ num -- ;
    if (1 == I2C_ num)
      {
        I2CONCLR = 0x2C;
      }
    else
      {
        I2CONSET = 0x04;
        I2CONCLR = 0x28;
      }
    break;
case 0x58:
    * I2C_ buf ++ = I2DAT;             //读取最后一字节数据
    I2CONSET = 0x10;                   //结束总线
    I2CONCLR = 0x28;
    I2C_ end = 1;
    break;
case 0x48:
```

```
    I2CONCLR = 0x28;                    // 总线进入不可寻址从模式
    I2C_ end = 0xFF;
    break;
  }
  VICVectAddr = 0x00;                   // 中断处理结束
}


/****************************************************
**********************
 * 名称: ISendStr ()
 * 功能: 使用硬件 I²C 发送数据
 ****************************************************
******************** /
uint8 ISendStr (void)
{
  I2C_ end = 0;
  I2CONCLR = 0x2C;
  I2CONSET = 0x40;                      // 使能 I²C
  I2CONSET = 0x64;                      // 设置为主机, 并启动总线

  while (0 == I2C_ end);
  if (1 == I2C_ end) return (1);
  else return (0);
}
/****************************************************
**********************
 * 名称: IRcvStr ()
 * 功能: 使用硬件 I²C 读取数据
 ****************************************************
******************** /
uint8 IRcvStr (void)
{
  if (0 == I2C_ num) return (0);
  I2C_ end = 0;
  I2CONCLR = 0x2C;
  I2CONSET = 0x40;                      // 使能 I²C
  I2CONSET = 0x64;                      // 设置为主机, 并启动总线
  while (0 == I2C_ end);
  if (1 == I2C_ end) return (1);
```

```
      else return (0);
    }
    /*****************************************************
**********************
    *名称: I2C_ Init ()
    *功能: I²C 初始化, 包括初始化其中断为向量 IRQ 中断
    ***************************************************************
*********************/
    void I2C_ Init (void)
    {
      /*设置 I²C 时钟为 100 kHz */
      I2 SCLH = I2 SCLL = 14;              //晶振为 11.0592MHz, Fpclk = 2.7648MHz
      /*设置 I²C 中断允许*/
      VICIntSelect = 0x00000000;      //设置所有通道为 IRQ 中断
      VICVectCntl0 = 0x29;              //I²C 通道分配到 IRQ Slot0, 即优先级最高
      VICVectAddr0 = (int) IRQ_ I2C;    //设置 I²C 中断向量地址
      VICIntEnable = 0x0200;            //使能 I²C 中断


    }
    /***************************************************************
**********************
    *名称: DelayNS ()
    *功能: 长软件延时
    ***************************************************************
*********************/
    void DelayNS (uint32 dly)
    {
      uint32 i;
      for (; dly >0; dly --)
        for (i =0; i <50000; i ++);
    }
    /***********************************************************
**********************
    *名称: WrEepromErr ()
    *功能: 读写 E²PROM 出错报警, 即闪动 LED1
    ***************************************************************
*********************/
    void WrEepromErr (void)
    {
```

```
    while (1)
      {
       IOSET = LED1 CON;
       DelayNS (10);
       IOCLR = LED1 CON;
       DelayNS (10);
      }
  }
  /***********************************************************
**********************
  * 名称: main ()
  * 功能: 向 E²PROM 写入 10 字节数据, 然后读出判断是否正确写入
  ***********************************************************
********************* /
  int main (void)
  {
    uint8  i;
    uint8  data_ buf [30];
    PINSEL0 = 0x00000050;       //设置 I/O = 0 口工作模式, 使用 I²C
    PINSEL1 = 0x00000000;
    IODIR = LED1 CON;           //设置 LED1 控制口为输出, 其他 I/O 为输入
    I2C_ Init ();               //I²C 初始化
    for (i = 0; i < 10; i ++) data_ buf [i] = i +'0';
    I2C_ sla = CAT24WC02;
    I2C_ suba = 0x00;
    I2C_ suba_ en = 2;
    I2C_ buf = data_ buf;
    I2C_ num = 10;
    ISendStr ();                //在 0x00 地址处写入 10 字节数据
    DelayNS (1);                //等待写周期结束
    for (i = 0; i < 10; i ++) data_ buf [i] = 0;
    I2C_ sla = CAT24WC02 +1;
    I2C_ suba = 0x00;
    I2C_ suba_ en = 1;
    I2C_ buf = data_ buf;
    I2C_ num = 10;
    IRcvStr ();                 //在 0x00 地址处读出 10 字节数据
    /* 校验读出的数据, 若不正确则闪烁 LED 报警 */
    for (i = 0; i < 10; i ++)
```

```
    }
if (data_ buf [i] ! = (i +'0')) WrEepromErr ();
    }
    IOCLR = LED1CON;                    // 点亮 LED1
    while (1);
    return (0);
}
```

5.13   看 门 狗

5.13.1   看门狗简介

在嵌入式应用中，CPU 必须可靠工作，即使因为某种原因进入了一个错误状态，系统也应该可以自动恢复。看门狗的用途就是使微控制器在进入错误状态后的一定时间内复位。

其原理是在系统正常工作时，用户程序每隔一段时间执行喂狗动作（一些寄存器的特定操作），如果系统出错，喂狗间隔超过看门狗溢出时间，那么看门狗将会产生复位信号，使微控制器复位。

LPC2000 系列微控制器都集成有看门狗部件，其特性为：

（1）带内部预分频器的可编程 32 位定时器。

（2）如果没有周期性重装（喂狗）动作，则产生片内复位。

（3）具有调试模式。

（4）看门狗软件使能后，必须由复位来禁止。

（5）错误的喂狗动作，将立即引起复位。

5.13.2   看门狗内部结构

看门狗内部结构如图 5 - 37 所示。

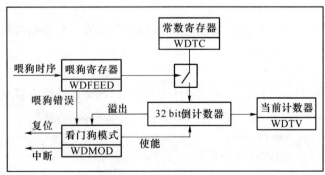

图 5 - 37   看门狗内部结构

5.13.3 看门狗寄存器描述

看门狗寄存器描述见表 5 – 79。

表 5 – 79　看门狗寄存器

名称	描述	访问
WDMOD	看门狗模式寄存器。该寄存器包含看门狗定时器的基本模式和状态	读/设置
WDTC	看门狗定时器常数寄存器。该寄存器决定超时值	读写
WDFEED	看门狗喂狗寄存器。通过它执行特定喂狗时序	只写
WDTV	看门狗定时器值寄存器。反映倒计数器当前值	只读

1. 看门狗模式寄存器

看门狗模式寄存器的位定义见表 5 – 80。

表 5 – 80　看门狗模式寄存器

位	7：4	3	2	1	0
功能	保留	WDINT	WDTOF	WDRESET	WDEN

（1）WDEN：看门狗中断使能位，该位只能置位。

该位置位后，将使能看门狗。一旦该位置位，软件无法将其清零。只有外部复位或看门狗定时器溢出能将其清零。

注意：将将该位置位后只是使能 WDT，但没有启动 WDT，当第一次喂狗操作时才启动 WDT。

（2）WDRESET：看门狗复位使能位，该位只能软件清除。

该位置位后，看门狗溢出将引起复位。一旦该位置位，软件无法将其清零。只有外部复位或看门狗定时器溢出能将其清零。

（3）WDTOF：看门狗超时标志。

当看门狗发生超时，看门狗超时标志置位。该标志由软件清零。

（4）WDINT：看门狗中断标志。

当看门狗发生超时，该位置位。该标志不能由软件清零，只能通过外部复位或者看门狗复位清零。

2. 看门狗常数寄存器

该寄存器决定看门狗超时值，当喂狗时序产生时，该寄存器的内容重新装入看门狗定时器。该寄存器的复位值为 0xFF，即使写入更小的值，也会装入 0xFF。

溢出最小时间：$t_{pclk} \times 0xFF \times 4$；

溢出最大时间：$t_{pclk} \times 0xFFFFFFFF \times 4$。

3. 看门狗喂狗寄存器

向该寄存器写入 0xAA，然后写入 0x55 会使 WDTC 的值重新装入看门狗定时器。如果看门狗通过 WDMOD 寄存器使能，那么第一次喂狗操作还将启动看门狗运行。在看门狗能够产生中断/复位之前，即看门狗溢出之前，必须完成一次有效的喂狗时序。

注意：如果喂狗时序不正确，将在喂狗之后的第二个 pclk 周期产生看门狗复位。

4. 看门狗定时器值寄存器

该寄存器用于读取看门狗定时器的当前值，该寄存器为只读。

5.13.4 使用示例

使用看门狗的注意要点如下：

（1）WDT 定时器为递减计数，向下溢出时产生中断和（或）复位。

（2）使能看门狗后，必须要执行一次正确的喂狗操作才能启动看门狗。

（3）看门狗没有独立的振荡器，其使用 pclk 作为时钟。所以 CPU 不能进入掉电模式，否则看门狗将停止工作。

（4）看门狗溢出时间 $= N \times t_{\mathrm{pclk}} \times 4$。

项目设计：

初始 I/O 口及 WDT，然后开始对 LED1 ~ LED4 进行闪烁控制，并进行喂狗处理；

然后只点亮 LED1，并进入死循环，等待 WDT 复位。WDT 复位后，LED1 ~ LED4 灯闪烁。

看门狗 Proteus 仿真电路如图 5 - 38 所示。

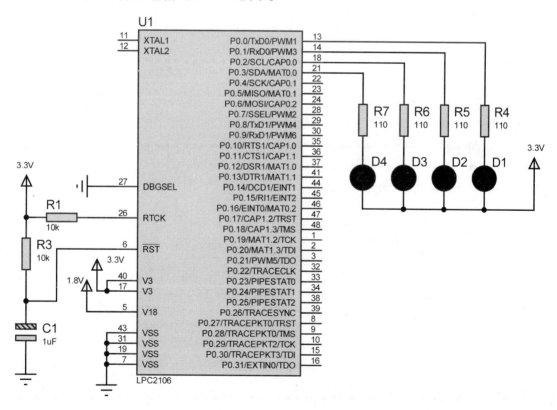

图 5 - 38　看门狗 Proteus 仿真电路

主程序：

/***

233

```
* * * * * * * * * * * * * * * * * * * *
    * * * * * * * * * * * * * * * * * * * * * * * * * * * * * * * * * * * * * * * * *
* * * * * * * * * * * * * * * * * * * * /
    #include  "config.h"
    #define  LEDCON  0x0000000f


    /* * * * * * * * * * * * * * * * * * * * * * * * * * * * * * * * * * * * * * * * * *
* * * * * * * * * * * * * * * * * * * *
    * 名称: WdtFeed ()
    * 功能: 看门狗喂狗操作
    * * * * * * * * * * * * * * * * * * * * * * * * * * * * * * * * * * * * * * * * * *
* * * * * * * * * * * * * * * * * * * * /
    void  WdtFeed (void)
    {
        WDFEED = 0xAA;
        WDFEED = 0x55;
    }


    /* * * * * * * * * * * * * * * * * * * * * * * * * * * * * * * * * * * * * * * * * *
* * * * * * * * * * * * * * * * * * * *
    * 名称: DelayNS ()
    * 功能: 长软件延时, 具有喂狗功能
    * * * * * * * * * * * * * * * * * * * * * * * * * * * * * * * * * * * * * * * * * *
* * * * * * * * * * * * * * * * * * * * /
    void  DelayNS (uint32   dly)
    {
        uint32   i;
        for (; dly > 0; dly --)
        {
            for (i = 0; i < 1000; i ++) WdtFeed ();
        }

    }


    /* * * * * * * * * * * * * * * * * * * * * * * * * * * * * * * * * * * * * * * * * *
* * * * * * * * * * * * * * * * * * * *
    * 名称: main ()
    * * * * * * * * * * * * * * * * * * * * * * * * * * * * * * * * * * * * * * * * * *
* * * * * * * * * * * * * * * * * * * * /
```

```
int   main (void)
{
    uint8   i;

    IODIR = LEDCON;

    WDTC = 11059200;        //设置 WDTC，喂狗重装值
    WDMOD = 0x03;           //复位并启动 WDT
    WdtFeed ();             //进行喂狗操作

    for (i = 0; i < 8; i ++)
     {
        IOSET = 0x0000000f;
        DelayNS (5);
        IOCLR = 0x0000000f;
        DelayNS (5);
     }
    IOSET = 0x0000000f;
    IOCLR = 0x00000001;

    while (1);
    return (0);
}
```

习　题

5.1　试编写两个 LED 灯交替闪烁的项目。
5.2　试编写在 LCD1602 液晶上显示字符水平循环移动的项目。

基于μC/OS的程序开发

使用嵌入式 RTOS 的优点：

（1）将复杂的系统分解为多个相对独立的任务，采用"分而治之"的方法降低系统的复杂度。通过将应用程序分割成若干独立的任务，RTOS 使得应用程序的设计过程大为简化。

（2）使得应用程序的设计和扩展变得容易，无须较大的改动就可以增加新的功能。

（3）用户给系统增加一些低优先级的任务，则用户系统对高优先级的任务的响应时间几乎不受影响。

（4）实时性能得到提高。使用可剥夺型内核，所有时间要求苛刻的事件都得到了尽可能快捷有效的处理。

（5）通过有效的服务，如信号量、邮箱、队列、延时及超时等，RTOS 使资源得到更好的利用。

6.1　了解 μC／OS－Ⅱ内核的任务管理

μC/OS－Ⅱ是 Jean J. Labrosse 著的一个源代码开放的实时操作系统内核，该内核的特点是简洁、稳定、实时性强。

μC/OS（Micro Control Operation System）是一个可以基于 ROM 运行的、可裁减的、抢占式实时多任务内核，μC/OS－Ⅱ实质上是一个嵌入式操作系统内核，它只负责管理各个任务，为每个任务分配 CPU 时间，并且负责任务之间的通信。内核提供的基本服务是任务切换，这是个很重要的概念，只要掌握了任务切换的本质，就掌握了移植 μC/OS－Ⅱ的技术。

μC/OS－Ⅱ内核主要对用户任务进行调度和管理，并为任务间共享资源提供服务。包含的模块有任务管理、任务调度、任务间通信、时间管理、内核初始化等。μC/OS－Ⅱ内核体系结构如图 6-1 所示。

μC/OS 可以简单地视为一个多任务调度器，在这个任务调度器之上完善并添加了和多任务操作系统相关的系统服务，如信号量、邮箱等。

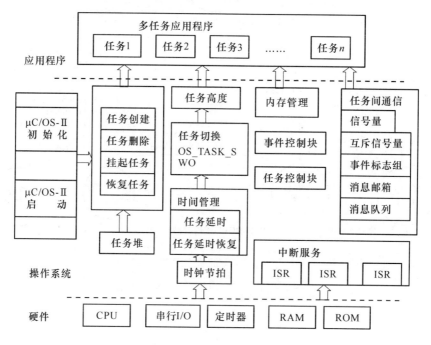

图 6-1　μC/OS-Ⅱ内核体系结构

μC/OS 中的任务总是处于 5 种状态之一：睡眠态、就绪态、运行态、等待状态和中断服务态。任何任务必须首先创建且就绪态之后才有可能运行。

在任一给定的时刻，μC/OS-Ⅱ的任务状态只能是以下 5 种之一：

● 睡眠态：指任务驻留在程序空间（ROM 或 RAM），还没有交给 μC/OS-Ⅱ来管理。通过创建任务将任务交给 μC/OS-Ⅱ。任务被删除后就进入睡眠态。

● 就绪态：任务创建后就进入就绪态。任务的建立可以在多任务运行之前，也可以动态地由一个运行的任务建立。

● 运行态：占用 CPU 资源运行的任务，该任务为进入就绪态的优先级最高的任务。任何时刻只能有一个任务处于运行态。

● 等待状态：由于某种原因处于等待状态的任务。例如，任务自身延时一段时间，或者等待某一事件的发生。

● 中断服务态：任务运行时被中断打断，进入中断服务态。正在执行的任务被挂起，中断服务子程序控制了 CPU 的使用权。

μC/OS-Ⅱ控制下的任务状态转换图如图 6-2 所示。

什么是 μC/OS-Ⅱ里的任务？一个任务通常是一个无限循环，如下程序所示。

```
void Task1 (void * data)
{
    INT8U err;
```

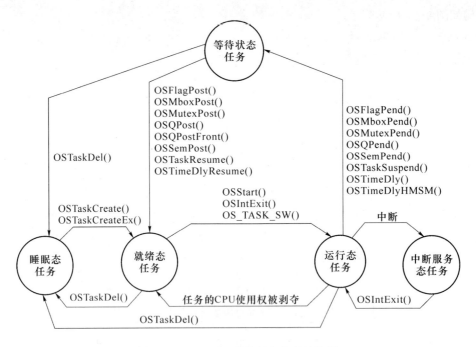

图6-2 μC/OS-Ⅱ的任务状态转换图

```
char   *rxmsg;

data = data;   /* Prevent compiler warning */

while (1)     //这是一个无限循环
  {
    rxmsg = (char *) OSMboxPend (MAIL1, 0, &err);   /* Wait formes-
                                                       sagefrom Task #
                                                       2 */
    OSTimeDlyHMSM (0, 0, 1, 0);     /* Wait 1 second */
    OSMboxPend (MAIL3, 0, &err);    /* Wait for message from Task #3 */
    OSMboxPost (MAIL2, (void *) 1);     /* Acknowledge reception of
                                          msg */
  }
}
```

可以通过内核的专用函数来建立、删除、挂起、激活任务。

μC/OS-Ⅱ中最多可以支持64个任务，分别对应优先级0~63，其中0为最高优先级。63为最低级，系统保留了4个最高优先级的任务和4个最低优先级的任务，所有用户可以使用的任务数有56个。

μC/OS-Ⅱ提供了任务管理的各种函数调用，包括创建任务、删除任务、改变任务的优先级、任务挂起和恢复等。

系统初始化时会自动产生两个任务：一个是空闲任务，它的优先级最低，该任务仅给一个整形变量做累加运算；另一个是系统任务，它的优先级为次低，该任务负责统计当前 CPU 的利用率。

在系统初始化完毕后启动任务时必须创建一份用户任务，也就是说必须有一个应用程序（用户任务，使用应用程序对于经常使用 Windows 用户容易接受一些），否则系统会崩溃。当然还有一些其他的要求，以后再介绍，下面简要概述一下任务管理相关的函数。

（1）建立任务 OSTaskCreat（）/OSTaskCreatExt（）。

如果想让 μC/OS 管理用户的任务，必须先建立任务。可以通过将任务的地址和其他参数传递到以下两个函数之一来建立任务。当调用 OSTaskCreat（）时，需要 4 个参数：

OSTaskCreate（void（*task）（void * pd），void * pdata，OS_ STK * ptos，INTU prio）

task 是指向任务代码的指针；pdata 是任务开始执行时传递给任务的参数的指针；ptos 是分配给任务的堆栈的栈顶指针；prio 是分配给任务的优先级。

也可以用 OSTaskCreatExt（），不过该函数需要 9 个参数，前 4 个参数与 OSTaskCreat（）一样，例如：

INT8U OSTaskCreateExt（void（*task）（void * pd），void * pdata，OS_ STK * ptos，INT8U prio，INT16U id，OS_ STK * pbos，INT32U stk_ size，void * pext，INT16U opt）

id 参数为要建立的任务创建一个特殊的标识符；pbos 是指向任务的堆栈栈底的指针，用于堆栈的检验；stk _ size 用于指定堆栈成员数目的容量；pext 是指向用户附加的数据域的指针，用来扩展任务的 OS_ TCB；opt 用于设定 OSTaskCreateExt（）的选项，指定是否允许堆栈检验，是否将堆栈清零，任务是否要进行浮点操作，等等。

（2）任务堆栈 OS_ STK（）。

每个任务都有自己的堆栈，堆栈必须申明为 OS_ STK 类型，并且由连续的内存空间组成。可以静态分配堆栈空间，也可以动态分配堆栈空间。

（3）堆栈检验 OSTaskStkChk（）。

有时确定任务实际需要的堆栈空间的大小是很有必要的，因为这样就可以避免为任务分配过多的堆栈空间，从而减少应用程序代码所需的 RAM 空间。

（4）删除任务 OSTaskDel（）。

有时需要删除任务，删除任务是说任务返回并处于休眠态，并不是说任务的代码被删除了，只是任务的代码不再被 μC/OS 调用。删除任务前应保证所删任务并非空闲任务。

（5）请求删除任务 OSTaskDelReq（）。

有时，任务会占用一些内存缓冲或信号量一类的资源。这时，假如另一个任务试图删除该任务，这些被占用的资源就会因为没有被释放而丢失。在这种情况下，需想办法拥有这些资源的任务在使用完资源后先释放资源，再删除自己。

（6）改变任务的优先级 OSTaskChangePrio（）。

在建立任务时，会分配给任务一个优先级。在程序运行期间，可以通过调用该函数改变任务的优先级。也就是说，μC/OS 允许动态地改变任务的优先级。

（7）挂起任务 OSTaskSuspend（）。

任务挂起是一个附加功能，也就是说，如果任务在被挂起的同时也在等待延迟时间到，那么，需要对任务做取消挂起的操作，并且等待延迟时间到，任务才能转让就绪状态。任务可以挂起自己或者其他任务。

（8）恢复任务 OSTaskResume（）。

挂起的任务只有通过该函数才能被恢复。

（9）获得任务的信息 OSTaskQuery（）。

通过调用该函数，来获得自身或其他应用任务的信息。

μC/OS – II 的任务切换归根到底都是由以下 3 个函数引起的：

- OSStart（）;
- OSIntExit（）;
- OS_ Sched（）。

一、OSStart（）

OSStart（）函数是 μC/OS –II任务调度的引导函数，它调用更底层的函数OSStartHighRdy（）来完成最初的任务切换；OSStartHighRdy（）唯一地在 OSStart（）函数中被调用。OSStart（）函数代码如下：

```
/***********************************************************/
void  OSStart (void)
{
    INT8U y;
    INT8U x;
    if (OSRunning == FALSE)
     {
        y = OSUnMapTbl [OSRdyGrp];
        x = OSUnMapTbl [OSRdyTbl [y]];
        OSPrioHighRdy = (INT8U) ( (y < <3)  +x);
        OSPrioCur = OSPrioHighRdy;
        OSTCBHighRdy = OSTCBPrioTbl [OSPrioHighRdy];
        OSTCBCur = OSTCBHighRdy;
        OSStartHighRdy ();
    }
}
/***********************************************************/
```

而 OSStartHighRdy（）函数需要用户移植实现，主要的工作是：

OSRunning = TRUE;

调用 OSTaskSwHook（）函数；

设置处理器的堆栈指针寄存器为 OSTCBHighRdy – > OSTCBStkPtr;

恢复所有处理器的寄存器内容（不包括堆栈指针寄存器和 PC 寄存器）；

恢复 PC 寄存器并开始执行 PC 指向的指令。

二、OSIntExit（）

OSIntExit（）函数由中断服务代码调用，用户的中断服务代码要求如下：

把全部 CPU 寄存器（包括堆栈指针寄存器和 PC 寄存器）推入当前任务堆栈；

调用 OSIntEnter（）函数或 OSIntNesting ++；

执行用户的中断处理代码；

调用 OSIntExit（）。

OSIntExit（）函数调用更底层的函数 OSIntCtxSw（）来实现任务切换，而 OSIntExit（）函数的代码如下：

```
/*********************************************************/
void  OSIntExit (void)
{
#if OS_ CRITICAL_ METHOD ==3
    OS_ CPU_ SR  cpu_ sr;
#endif

    if (OSRunning == TRUE)
     {
        OS_ ENTER_ CRITICAL ();
        if (OSIntNesting > 0)
         {
            OSIntNesting -- ;
        }
        if ( (OSIntNesting ==0) && (OSLockNesting ==0))
         {
            OSIntExitY = OSUnMapTbl [OSRdyGrp];
            .OSPrioHighRdy = (INT8U) ( (OSIntExitY < <3) +
                        OSUnMapTbl [OSRdyTbl [OSIntExitY]]);
            if (OSPrioHighRdy! = OSPrioCur)
             {
                OSTCBHighRdy = OSTCBPrioTbl [OSPrioHighRdy];
                OSCtxSwCtr ++ ;
                OSIntCtxSw ();
            }
        }
        OS_ EXIT_ CRITICAL ();
    }
}
/*********************************************************/
```

函数 OSIntCtxSw（）需要用户移植实现，主要内容如下：

调用 OSTaskSwHook () 函数;

OSPrioCur = OSPrioHighRdy;

OSTCBCur = OSTCBHighRdy;

设置处理器的堆栈指针寄存器为 OSTCBHighRdy – > OSTCBStkPtr;

恢复所有处理器的寄存器内容（不包括堆栈指针寄存器和 PC 寄存器）;

恢复 PC 寄存器并开始执行 PC 指向的指令。

三、OS_ Sched ()

OS_ Sched () 函数被各种任务间通信函数如 xxxPost () 和 xxxPend () 调用，OS_ Sched () 函数调用更底层的函数 OS_ TASK_ SW () 来实现任务切换，OS_ Sched () 函数的源代码如下:

```
/**********************************************************/
void  OS_ Sched (void)
{
#if OS_ CRITICAL_ METHOD == 3
    OS_ CPU_ SR  cpu_ sr;
#endif
    INT8U  y;
    OS_ ENTER_ CRITICAL ();
    if ( (OSIntNesting ==0) && (OSLockNesting ==0))
     {
        y = OSUnMapTbl [OSRdyGrp];
        OSPrioHighRdy = (INT8U) ((y < <3) +OSUnMapTbl [OSRdyTbl [y]]);
        if (OSPrioHighRdy! = OSPrioCur)
         {
            OSTCBHighRdy = OSTCBPrioTbl [OSPrioHighRdy];
            OSCtxSwCtr ++;
            OS_ TASK_ SW ();
         }
     }
    OS_ EXIT_ CRITICAL ();
}
```

6.2　μC /OS – Ⅱ 在 LPC2106 平台的移植

6.2.1　编写与编译器相关的数据类型及与 ARM 处理器相关的代码（OS_ CPU. H 的移植）

```
#ifdef OS_ CPU_ GLOBALS
#define OS_ CPU_ EXT
```

```c
#else
#define OS_ CPU_ EXT extern
#endif
/*************************************
 * 与编译器相关的数据类型
 ***********************************/
typedef unsigned char BOOLEAN;
typedef unsigned char INT8U;        //8 位无符号整数
typedef signed char INT8S;          //8 位有符号整数
typedef unsigned int INT16U;        //16 位无符号整数
typedef signed int INT16S;          //16 位有符号整数
typedef unsigned long INT32U;       //32 位无符号整数
typedef signed long INT32S;         //32 位有符号整数
typedef float FP32;                 //单精度浮点数
typedef double FP64;                //双精度浮点数
typedef INT32U OS_ STK;             //堆栈是 32 位宽度
#define BYTE INT8S                   //字节型
#define UBYTE INT8U                   //为了与 μC /OS V1.xx. 兼容
#define WORD INT16S                   //... μC /OS – II.
#define UWORD INT16U
#define LONG INT32S
#define ULONG INT32U
/**********************************************
 * 与 ARM7 体系结构相关的一些定义*********************************
***********/
#define  OS_ CRITICAL_ METHOD  2     /* 选择开、关中断的方式 */


_ _ swi (0x00) void  OS_ TASK_ SW (void);     /* 任务级任务切换函数 */
_ _ swi (0x01) void  OS_ StartHighRdy (void);      /* 运行优先级最高的
                                                        任务 */
_ _ swi (0x02) void  OS_ ENTER_ CRITICAL (void);      /* 关中断 */
_ _ swi (0x03) void  OS_ EXIT_ CRITICAL (void);       /* 开中断 */

_ _ swi (0x40) void  *GetOSFunctionAddr (int Index); /* 获取系统服务函数入
                                                        口 */
_ _ swi (0x41) void  *GetUsrFunctionAddr (int Index); /* 获取自定义服务函数入口
                                                        */
_ _ swi (0x42) void  OSISRBegin (void);               /* 中断开始处理 */
```

```
__swi (0x43) int  OSISRNeedSwap (void);          /* 判断中断是否需要切
                                                     换 */


__swi (0x80) void  ChangeToSYSMode (void);       /* 任务切换到系统模
                                                     式 */

__swi (0x81) void  ChangeToUSRMode (void);       /* 任务切换到用户模
                                                     式 */

__swi (0x82) void  TaskIsARM (INT8U prio);       /* 任务代码是 ARM 代
                                                     码 */

__swi (0x83) void  TaskIsTHUMB (INT8U prio);      /* 任务代码是
                                                      THUMB */


#define  OS_STK_GROWTH  1        /* 堆栈是从上往下递增的 */


#define  USR32Mode  0x10       /* 用户模式 */
#define  SYS32Mode  0x1f       /* 系统模式 */
#define  NoInt  0x80


#ifndef  USER_USING_MODE
#define  USER_USING_MODE  USR32Mode       /* 任务缺省模式 */
#endif


#ifndef  OS_SELF_EN
#define  OS_SELF_EN  0        /* 允许返回OS与任务分别编译、固化 */
#endif


OS_CPU_EXT  INT32U  OsEnterSum;  /* 关中断计数器（开关中断的信号量）*/


/***********************************************
                    End Of File
***********************************************/
```

6.2.2 用 C 语言编写 6 个操作系统相关的函数（OS_CPU_C.C 的移植）

```
(1) void *OSTaskStkInit (void (*task) (void *pd), void *pdata,
void *ptos, INT16U opt)
{
OS_STK *stk;
opt = opt;   /* 因为opt变量没有用到，防止编译器产生警告*/
stk = ptos;   /*获取堆栈指针*/
```

```
/*为新任务创建上下文*/
*stk = (OS_ STK) task;   /* pc */
* --stk = (OS_ STK) task;   /* lr */
* --stk = 0;   /* r12 */
* --stk = 0;   /* r11 */
* --stk = 0;   /* r10 */
* --stk = 0;   /* r9 */
* --stk = 0;   /* r8 */
* --stk = 0;   /* r7 */
* --stk = 0;   /* r6 */
* --stk = 0;   /* r5 */
* --stk = 0;   /* r4 */
* --stk = 0;   /* r3 */
* --stk = 0;   /* r2 */
* --stk = 0;   /* r1 */
* --stk = (unsigned int) pdata;   /* r0,第一个参数使用 R0 传递 */
* -- stk = (USER_ USING_ MODE | 0x00);   /* spsr,允许 IRQ、FIQ 中
                                                       断 */
* --stk = 0;          /* 关中断计数器 OsEnterSum; */
return (stk);
}
(2) void  OSTaskCreateHook (OS_ TCB *ptcb)
{
ptcb = ptcb;      //防止编译时出现警告
}
(3) void  OSTaskDelHook (OS_ TCB *ptcb)
{
ptcb = ptcb;      //防止编译时出现警告
}
(4) void  OSTaskSwHook (void)
(5) void  OSTaskStatHook (void)
(6) void  OSTimeTickHook (void)
```
后 5 个函数为钩子函数,可以不加代码。

6.2.3 用汇编语言编写 4 个与处理器相关的函数（OS_ CPU. ASM 的移植）

因为 ADS1.2 中汇编文件的后缀名为 S,所以在移植时为 OS_ CPU. ASM 改名为 OS_ CPU. S。在 OS_ CPU. S 中编写以下 4 个汇编函数:

```
(1) OSStartHighRdy ()       ;运行优先级最高的就绪任务
LDR r4, addr_ OSTCBCur     ;得到当前任务的 TCB 地址
```

```
LDR r5, addr_ OSTCBHighRdy          ; 得到高优先级任务的 TCB 地址
LDR r5, [r5]        ; 得到堆栈指针
LDR sp, [r5]        ; 切换到新的堆栈
STR r5, [r4]        ; 设置新的当前任务的 TCB 地址
LDMFD sp!, {r4}
MSR SPSR_ cxsf, r4
LDMFD sp!, {r4}        ; 从栈顶得到新的声明
MSR CPSR_ cxsf, r4
LDMFD sp!, {r0 - r12, lr, pc }        ; 开始新的任务
END
(2) OSCtxSw ()       ; 任务级的任务切换函数
STMFD sp!, {lr}       ; 保存 PC 指针
STMFD sp!, {lr}       ; 保存 lr 指针
STMFD sp!, {r0 - r12}        ; 保存寄存器文件和 ret 地址
MRS r4, CPSR
STMFD sp!, {r4}       ; 保存当前 PSR
MRS r4, SPSR
STMFD sp!, {r4}
; OSPrioCur = OSPrioHighRdy
LDR r4, addr_ OSPrioCur
LDR r5, addr_ OSPrioHighRdy
LDRB r6, [r5]
STRB r6, [r4]
; 得到当前任务的 TCB 地址
LDR r4, addr_ OSTCBCur
LDR r5, [r4]
STR sp, [r5]       ; 保存栈指针在占先任务的 TCB 上
; 取得高优先级任务的 TCB 地址
LDR r6, addr_ OSTCBHighRdy
LDR r6, [r6]
LDR sp, [r6]       ; 得到新任务的堆栈指针
; OSTCBCur = OSTCBHighRdy
STR r6, [r4]       ; 设置当前新任务的 TCB 地址 set new current task TCB
address
LDMFD sp!, {r4}
MSR SPSR_ cxsf, r4
LDMFD sp!, {r4}
MSR CPSR_ cxsf, r4
LDMFD sp!, {r0 - r12, lr, pc}
```

(3) OSIntCtxSw ()   ; 中断级的任务切换函数

```
LDMIA sp!, {a1 – v1, lr}
SUBS pc, lr, #4
SUB lr, lr, #4
MOV r12, lr
MRS lr, SPSR
AND lr, lr, #0xFFFFFFE0
ORR lr, lr, #0xD3
MSR CPSR_ cxsf, lr
```

(4) OSTickISR ()   ; 中断服务函数

```
STMDB sp!, {r0 – r11, lr}
; interrupt dISAble (not nessary)
mrs r0, CPSR
orr r0, r0, #0x80       ; 设置中断禁止标
msr CPSR_ cxsf, r0      ; 中断结束
; rI_ ISPC = BIT_ TIMER0
LDR r0, = I_ ISPC
LDR r1, = BIT_ TIMER0
STR r1, [r0]
BL IrqStart
BL OSTimeTick
BL IrqFinish
LDR r0, = need_ to_ swap_ context
LDR r2, [r0]
CMP r2, #1
LDREQ pc, = _ CON_ SW
```

完成了上述工作以后，μC/OS – Ⅱ就可以正常运行在 ARM 处理器上了。为了方便大家进行 μC/OS 程序的开发，我们已为大家完成了 μC/OS 对 LPC2106 的 μC/OS 移植及相关 ADS 工程项目（相关文件包含在随书的课件中），读者可以下载后使用。

6.3　基于 μC/OS – Ⅱ 的 LCD 显示项目的开发

μC/OS – Ⅱ 程序设计基础：

（1）任务的分类。

（2）任务的划分。

（3）任务的优先级。

在基于实时操作系统的应用程序设计中，任务设计是整个应用程序的基础，其他软件设计工作都是围绕任务设计来展开的。

μC/OS 液晶显示程序中, 在主程序中创建一个任务后启动 μC/OS 系统, 通过 μC/OS 操作系统的任务完成液晶的显示 (注意与前面无操作系统的代码相比较)。

```c
#include  "config.h"

#define rs (1 < <8)
#define rw (1 < <9)
#define en (1 < <10)
#define busy (1 < <7)

#define  TASK_ STK_ SIZE  64
OS_ STK  TaskStartStk [TASK_ STK_ SIZE];

void  TaskStart (void * data);
uint8 txt [] = {"helloworld"};
/************************************************************
 ********************
 * 名称: ChkBusy ()
 * 功能: 检查总线是否忙
 ************************************************************
 *****************/
void  ChkBusy ()
{
  PINSEL0 =0xffc00000;
  IODIR =0x700;
  while (1)
   {
  IOCLR =rs;
  IOSET =rw;
  IOSET =en;
  if (! (IOPIN & busy)) break;
  IOCLR =en;
  }
  IODIR =0x7ff;
}
/************************************************************
 ********************
 * 名称: WrOp ()
 * 功能: 写函数
```

```
    ********************************************************
******************/
    void  WrOp (uint8 dat)
    {

      ChkBusy ();
      IOCLR = rs;      //全部清零
      IOCLR = rw;
      IOCLR = 0xff;      //先清零
      IOSET = dat;      //再送数
      IOSET = en;
      IOCLR = en;
    }
    /********************************************************
******************
    * 名称: WrDat ()
    * 功能: 写数据函数
    ********************************************************
******************/
    void  WrDat (uint8 dat)      //读数据
    {

      ChkBusy ();
      IOSET = rs;
      IOCLR = rw;
      IOCLR = 0xff;      //先清零
      IOSET = dat;      //再送数
      IOSET = en;
      IOCLR = en;
    }


    /********************************************************
******************
    * 名称: DisText ()
    * 功能: 显示文本函数
    ********************************************************
******************/


    void  DisplayText (uint8 addr, uint8 *p)
```

```
    {
    WrOp (addr);
    while ( *p! ='\0') WrDat ( * (p ++));
    }
/***********************************************
********************
    * 名称: main ()
    * 功能: 显示文本
    ***********************************************
****************/

    int   main (void)
    {
        OSInit ();

        OSTaskCreate (TaskStart, (void * ) 0, &TaskStartStk [TASK_ STK
_ SIZE -1], 3);
        OSStart ();
        return 0;
    }
/***********************************************
********************
    * 名称: TaskStart ()
    * 功能: 任务
    ***********************************************
****************/
    void  TaskStart (void *pdata)
    {
    pdata = pdata;
    TargetInit ();
    WrOp (0x0c);
    IODIR = 0x7ff;       //设置为输出
    IOCLR = 0x7ff;
    DisplayText (0x80, txt);
    while (1);
    }
```

习 题

6.1 μC/OS – Ⅱ系统的特点有哪些？

6.2 移植 μC/OS – Ⅱ操作系统对处理器有哪些要求？

6.3 在 LPC2106 内试编写基于 μC/OS – Ⅱ的多个 LED 闪烁项目及对应的 Proteus 电路及仿真。

6.4 试编写在 μC/OS – Ⅱ中采用两个任务在 LCD1602 液晶上显示两行字符的项目。

参 考 文 献

［1］　马忠梅．ARM 嵌入式处理器结构与应用基础［M］．北京：航空航天大学出版社，2002.

［2］　王田苗．嵌入式系统设计与实例开发［M］．北京：清华大学出版社，2002.

［3］　季昱，等．ARM 嵌入式应用系统开发典型实例［M］．北京：中国电力出版社，2005.

［4］　廖日坤．ARM 嵌入式应用开发技术白金手册［M］．北京：中国电力出版社，2005.

［5］　丁峰，等．ARM 系统开发从实践到提高［M］．北京：中国电力出版社，2007.

［6］　周立功，等．ARM 嵌入式系统基础教程［M］．北京：航空航天大学出版社，2005.

［7］　周润景，等．Proteus 在 MCS - 51&ARM7 系统中的应用百例［M］．北京：电子工业出版社，2006.

［8］　朱清慧，等．Proteus 教程——电子线路设计、制版与仿真［M］．北京：清华大学出版社，2008.